DK 582.623.2:674.038.15:581.4.08:543.41:537.533.35.08:535.826.75

Casperson, Gerhard

Probleme morphologischer Untersuchungen an Pappelholz

Faserforsch. u. Textiltechnik **19** (1968) 8, S. 345–349 10 Abb., 42 Lit.

Der makroskopische Nachweis von Reaktionsholz in Pappelstämmen ist nach einer Anfärbung mit Safranin sowie unter UV-Licht mit Fluresceín-Na, Phloxin und Sulforhodamin B möglich. Bei lichtmikroskopischen Untersuchungen hat sich neben Chlorzinkjod und Fuchsin/Pikrinsäure auch Astrablau/Safranin sowie Chlorazol black (Direkttiefschwarz)/Safranin als Färbung bewährt. An elektronenmikroskopischen Aufnahmen von Ultradünnschnitten wird die Zellwandstruktur, speziell die Variabilität der *G*-Schicht, gezeigt.

677.463.021.22:677.041.4:661.728.84:543.888:541.8

Schleicher, Harry, und *Philipp, Burkart*

Untersuchungen zum Einfluß von Tensiden auf die chemischen Umsetzungen im Viskoseprozeß

2. Mitt.: Untersuchungen zum Verlauf der Sulfidierung

Faserforsch. u. Textiltechnik **19** (1968) 8, S. 350–354. 3 Tab., 2 Abb., 15 Lit.

Der Einfluß eines Tensidzusatzes auf die Höhe des Brutto-Gammawertes und die Xanthogenatgruppenverteilung an gut und schlecht abgepreßten Alkalicellulosen aus unterschiedlichen Zellstoffen wurde untersucht und geprüft, ob die Nachsulfidierung und Xanthogenatauflösung durch Tenside beeinflußt werden. Außerdem wurden die Löslichkeiten der ohne Tensidzusatz aus Fichte- und Buche-Sulfit- und -Sulfat-Zellstoff hergestellten DA-Xanthate verglichen.

DK 661.728.86:541.12.08:532.13.08

Poller, Siegfried

Zur Methodik der Polymerisationsgradbestimmung an Cellulosenitraten

Teil I. Viskositätsmessung, Hagenbachkorrektur

Faserforsch. u. Textiltechnik **19** (1968) 8, S. 354–358. 3 Tab., 3 Abb., 13 Lit.

Es werden Überlegungen, Versuche und Berechnungen zur Methodik der Polymerisationsgradbestimmung an Cellulosenitraten angestellt. Gegenstand des vorliegenden I. Teiles der Arbeit sind die Praxis der Viskositätsmessung und die Frage der Berücksichtigung der Hagenbachkorrektur bei der Viskositätszahlbestimmung.

DK 677.463:677.46.021.525/.526:677.46.061.39:537.533.35.08

Rose, Klaus Peter, Gröbe, Anneliese, und *Maron, Reinhard*

Elektronenmikroskopische Untersuchungen an Oberflächen von Celluloseregeneratfäden

Teil III: Wirkung von Viskosemodifikatoren auf die Deckschichtbildung — Analytischer und lichtmikroskopischer Nachweis

Faserforsch. u. Textiltechnik **19** (1968) 8, S. 358–362. 2 Tab., 3 Abb., 20 Lit.

Es werden die Spinnbedingungen beschrieben, unter denen Fäden aus modifizierten Viskosen ersponnen wurden. An den Fäden durchgeführte analytische und lichtmikroskopische Untersuchungen charakterisieren die Modifikatorwirkung.

DK 677.494.675'126:677.494.021.64:677.494.061.39:541.144.8:620.193.6

Reinisch, Gerhard, und *Jaeger, Werner*

Zum Einfluß der Verstreckung auf den photochemischen Abbau von Polycaprolactam-Experimentalfäden

Faserforsch. u. Textiltechnik **19** (1968) 8, S. 363–365. 2 Tab., 2 Abb., 12 Lit.

Polycaprolactamfäden gleichen Querschnitts werden bei natürlicher Belichtung im unverstreckten Zustand viel stärker geschädigt als im verstreckten. Näherungsgesetze des Abbaus dieser Materialien werden diskutiert.

DK 547.458.8:677.1/.2:677.463:546.212:547.26:546.11.02.2:539.26

Dechant, Johannes

Zur Accessibilität der Cellulose in Bereichen mit niedrigem Ordnungsgrad

Faserforsch. u. Textiltechnik **19** (1968) 8, S. 365–368. 1 Tab., 1 Abb., 14 Lit.

Die Zugänglichkeit von nativer und regenerierter Cellulose für Wasser, Methanol und Äthanol wurde nach der Deuteriumaustauschmethode bestimmt. Auf diese Weise wird eine Untersuchung der Bereiche mit mittlerem Ordnungsgrad ermöglicht. Es werden charakteristische Unterschiede zwischen nativer Cellulose, normaler Textilviskoseseide und Cordviskoseseide gefunden.

DK 678.674'524'420:539.26:536.42:543.226

Henkel, Horst, und *Wiesener, Ernst*

Über den Einfluß des Ordnungsgrades auf die Glasumwandlungstemperatur von Polyäthylenterephthalat

Faserforsch. u. Textiltechnik **19** (1968) 8, S. 369–371. 1 Tab., 4 Abb., 12 Lit.

Die Abhängigkeit der Glasumwandlungstemperatur vom Ordnungsgrad wird mit Hilfe von dielektrischen und thermoanalytischen Messungen untersucht. Für die Deutung der gefundenen Zusammenhänge werden u. a. die Ergebnisse von Röntgenkleinwinkel-Untersuchungen herangezogen.

DK 678.674'524'420:678.6.021.122:536.495:547.26'118.5–325

Zimmermann, Heinz

Modellversuche zum Chemismus der thermischen Stabilisierung von Polyäthylenterephthalat mit Phosphorsäureestern

Faserforsch. u. Textiltechnik **19** (1968) 8, S. 372–377. 1 Tab., 1 Abb., 14 Lit.

Zur Aufklärung der thermostabilisierenden Wirkung von Phosphorsäureestern in PÄT-Schmelzen wurden Modellversuche unternommen, in denen die Beeinflussung der metallionenkatalysierten thermischen Spaltung von Äthylenglykoldibenzoat durch Triphenylphosphat und -phosphit untersucht wurde. Andere Versuche dienten der präparativen Isolierung der Folgeprodukte von modellmäßigen Stabilisatorreaktionen. Die Ergebnisse zeigen, daß durch Bildung von katalytisch inaktiven Metallphosphaten und -phosphiten die von Umesterungskatalysatoren hervorgerufene Verstärkung der Abbaureaktionen des PÄT verhindert wird.

DK 677-042.2:620.172.222:519.241

Trommer, Günter

Einfluß der statistischen Häufigkeitsverteilung der Faserreißdehnung auf die Reißdehnung und Reißkraft von Fäden

Faserforsch. u. Textiltechnik **19** (1968) 8, S. 378–383. 8 Abb., 3 Lit.

Der Einfluß der statistischen Verteilung der Faserreißdehnung auf die Reißdehnung und damit auf die Reißkraft der Fäden wird mathematisch nachgewiesen. Gleichzeitig wird gezeigt, daß der Variationskoeffizient der Faserrreißkraft allein keine Aussagekraft in diesem Zusammenhang hat.

DK 061.3.055.1(430.2)„1968“:677.521:678.046.36

Rothe, H.

V. Kolloquium über Probleme der Glasseidentechnologie des Institutes für Technologie der Fasern, Dresden, der Deutschen Akademie der Wissenschaften zu Berlin

Faserforsch. u. Textiltechnik **19** (1968) 8, S. 383–387.

Neue Bücher S. 387.

Patentschau S. 387–389.

Literaturschau S. 389–392.

Die Zeitschrift „Faserforschung und Textiltechnik" erscheint monatlich in Heften zu 48 Textseiten im Format A 4. Der Preis für das Einzelheft beträgt M 15,— (Sonderpreis für DDR M 9,—), für den Vierteljahrbezug M 45,— (Sonderpreis für DDR M 27,—), zuzügl. Bestellgeld. Die Berechnung erfolgt zu Beginn eines Vierteljahrs für 3 Hefte. Bestellungen aus dem Gebiet der Deutschen Demokratischen Republik an ein Postamt, eine Buchhandlung oder den Verlag, aus der Deutschen Bundesrepublik an eine Buchhandlung oder die Auslieferungsstelle Kunst und Wissen, Erich Bieber, 7 Stuttgart 1, Wilhelmstraße 4—6, aus dem Ausland an eine Importbuchhandlung, den Deutschen Buch-Export und -Import GmbH., 701 Leipzig, Postschließfach 276, oder den Akademie-Verlag GmbH., 108 Berlin, Leipziger Str. 3—4 (Fernruf: 220441; Telex-Nr. 0112020; Postscheckkonto 35021) erbeten. Bestellnummer dieses Heftes: 1014/19/8. Alleinige Anzeigenannahme DEWAG-WERBUNG, 102 Berlin, Rosenthaler Str. 28/31, und alle DEWAG-Betriebe in den Bezirksstädten der DDR. — Bestellungen in der UdSSR nehmen entgegen: Städtische Abteilungen von „SOJUZPECHATJ" bzw. Postämter und Postkontore.

Herausgeber und verantwortlich für den Inhalt: Prof. Dr. Erich Correns, Institut für Faserstoff-Forschung der Deutschen Akademie der Wissenschaften zu Berlin, 153 Teltow-Seehof, Fernruf: Teltow 4831; Prof. Dr.-Ing. habil. Wolfgang Bobeth, Institut für Technologie der Fasern der Deutschen Akademie der Wissenschaften zu Berlin, 801 Dresden, Hohe Str. 6, Fernruf: 44721; Prof. Dr.-Ing. Hans Böhringer, Institut für Textiltechnologie der Chemiefasern Rudolstadt, Fernruf: Rudolstadt 2031; Prof. Dr. Hermann Klare, Prof. Dr. habil. Burkart Philipp und Dr. Christian Ruscher, Institut für Faserstoff-Forschung der Deutschen Akademie der Wissenschaften zu Berlin, 153 Teltow-Seehof, Fernruf: Teltow 4831. Schriftleiter: Joachim Brämer und Dipl.-Chem. Ingeborg Ruscher, 153 Teltow-Seehof, Kantstr. 55. Verlag: Akademie-Verlag GmbH., 108 Berlin, Leipziger Str. 3—4. Satz und Druck: Druckhaus „Maxim Gorki", 74 Altenburg. — Veröffentlicht unter der Lizenznummer 1280 des Presseamtes beim Vorsitzenden des Ministerrates der Deutschen Demokratischen Republik.

Manuskriptsendungen sind an einen der Herausgeber oder die Schriftleitung zu richten. Für Inhalt und Form gelten die „Richtlinien für die Annahme und Abfassung von Beiträgen", erhältlich von der Schriftleitung. Die Verfasser größerer wissenschaftlicher Arbeiten erhalten außer dem Honorar ein Heft und 50 Sonderdrucke ihrer Arbeit unentgeltlich.

Faserforschung und Textiltechnik

WISSENSCHAFTLICH-TECHNISCHE ZEITSCHRIFT FÜR DIE CHEMIEFASER- UND TEXTILINDUSTRIE

Band 19 | August 1968 | Heft 8

Probleme morphologischer Untersuchungen an Pappelholz

Gerhard Casperson

Deutsche Akademie der Wissenschaften zu Berlin, Institut für Faserstoff-Forschung in Teltow-Seehof

DK 582.623.2:674.038.15:581.4.08:543.41:537.533.35.08:535.826.75

Der makroskopische Nachweis von Reaktionsholz in Pappelstämmen ist nach einer Anfärbung mit Safranin sowie unter UV-Licht mit Fluorescein-Na, Phloxin und Sulforhodamin B möglich. Bei lichtmikroskopischen Untersuchungen hat sich neben Chlorzinkjod und Fuchsin/Pikrinsäure auch Astrablau/Safranin sowie Chlorazol black (Direkttiefschwarz)/Safranin als Färbung bewährt. An elektronenmikroskopischen Aufnahmen von Ultradünnschnitten wird die Zellwandstruktur, speziell die Variabilität der *G*-Schicht, gezeigt.

Проблемы морфологических исследований древесины тополя

Показана возможность макроскопического доказательства наличия креневой древесины в стволах тополя путем окрашивания сафранином, а также при наблюдении в Уф-свете Na-флуоресцеином, флоксином и сульфородамином Б. В случае микроскопических исследований кроме хлорцинкиода и смеси фуксина с пикриновой кислотой для окрашивания оправдали себя также астраблау/сафранин. На электронномикроскопических снимках ультратонких срезов показана структура клеточной стенки и, в частности, изменчивость структуры слоя G.

Problems of the Morphological Investigations of Poplar Wood

Macroscopic determination of reaction wood in stems of poplar proved possible by staining the samples with safranin and, in using UV light, with fluorescein-Na, phloxin and sulforhodamin B. In light microscopic examination astrablau/safranin and chlorazol black (Direkttiefschwarz)/safranin served, besides chlorzink iodine and fuchsin-picrinic acid, as appropriate staining agents. The cell wall structure, especially the variability of the G-layer, was revealed by electron micrographs.

1. *Einleitung*

In zunehmendem Maße wird Pappelholz in der Papier- und Textilzellstoffindustrie als Rohstoff eingesetzt, wobei häufig Schwierigkeiten bei der Verarbeitung auftreten, deren Ursachen zum Teil auf den Gehalt an Reaktionsholz zurückzuführen sind. Die Pappel neigt sehr stark zur Reaktionsholzbildung, wobei der Anteil an Reaktionsholz in einem einzelnen Stamm, von Stamm zu Stamm einer Sorte auf gleichem Standort, und noch stärker in Stämmen von verschiedenen Standorten oder verschiedenen Sorten sehr unterschiedliche Werte erreichen kann [2, 21, 35, 36]. Das Erkennen von Reaktionsholz und die quantitative Bestimmung erfordern einen sehr hohen Zeitaufwand [26, 29, 42]. Dieser Umstand veranlaßte uns, nach Methoden zu suchen, die einerseits ein genaues Erkennen und andererseits eine Schnellbestimmung ermöglichen. Beide Bedingungen lassen sich nicht befriedigend vereinen, so daß man je nach Fragestellung nach der einen oder anderen Seite hin Kompromisse schließen muß. In der vorliegenden Veröffentlichung sollen die Möglichkeiten der Untersuchung aufgezeigt werden, die vom makroskopischen Einschätzen des Reaktionsholzanteils in ganzen Stämmen bis zur Strukturanalyse der Zellwand reichen.

Das Reaktionsholz der Laubbäume, auch Zugholz oder „tension wood" genannt, zeichnet sich dadurch aus, daß die normale Lignifizierung der Zellwand teilweise aussetzt und der bereits lignifizierten Mittelschicht der Sekundärwand (S_2) eine ligninfreie Zellwandschicht aufgelagert wird [15]. Diese Zellwandschicht wird wegen ihres gelatinösen Aussehens gelatinöse Schicht oder *G*-Schicht genannt [6, 34]. Zu chemischen Problemen des Reaktionsholzes möchte ich hier nur auf die Arbeiten von *Jayme* und *Harders-Steinhäuser* [19, 20], *Rünger* und *Klauditz* [31] sowie *Norberg* und *Meier* [28] verweisen.

2. *Ergebnisse*

2.1. *Makroskopisches Erkennen von Reaktionsholz*

Breite Reaktionsholzzonen, wie sie zum Beispiel in exzentrisch gewachsenen Stämmen sehr häufig auftreten, fallen auf dem Stammquerschnitt durch die helle, oft silbrige Färbung auf, und im Längsschnitt ist die Schnittfläche rauh, durch die herausgerissenen Fasern oft sogar wollig [1, 11 bis 14]. Oft sind diese Merkmale nicht genügend ausgeprägt, so daß noch andere Nachweisreaktionen, zum Beispiel mit spezifischen Farbreagenzien, wünschenswert sind. Die meisten Farbreaktionen, die in der Mikroskopie gute Ergebnisse liefern, versagen im makroskopischen Bereich. Daher verneint *Walkenhorst* [35] die Möglichkeit, angefärbte Stammscheiben makroskopisch auszuwerten. Allerdings stützt er seine Aussage nur auf die Reaktion mit Phoroglucin/HCl. Wir haben 39 Farbstoffe und 25 Farbstoffkombinationen getestet und dabei einige neue und bemerkenswerte Ergebnisse erzielt.

Wir fanden bei der Färbung von Stammscheiben mit Safranin (1% in 70%igem Alkohol) die bemerkenswerte Tatsache, daß die Wanderungsgeschwindigkeit oder -möglichkeit des Farbstoffes im Normalholz größer als im Reaktionsholz ist, so daß nach einer Abtragung der obersten Schichten eine Differenzierung in hellere bis farblose Stellen und weiter kräftig rot durchfärbte Stellen sichtbar wird (Bild 1). Nach unseren Untersuchungen genügt eine Abtragung mit dem Mikrotom, Hobel oder Schleifmaschine von ca. 200 µm, um diese Differenzierung makroskopisch erkennen zu können.

Genaue mikroskopische Untersuchungen ergaben noch folgendes zu diesem Färbeeffekt. Der Farbstoff wandert besonders gut in den Gefäßen, von denen er in die benachbarten Faserzellen, auch in die mit einer *G*-Schicht, eindringt. Da aber im Reaktionsholzgewebe weniger Gefäße pro Flächeneinheit als Normalholz vorkommen, ist der Färbeeffekt, makroskopisch gesehen, geringer. Zum anderen färbt Safranin nur die lignifizierten Zellwandschichten gut an, während die ligninfreie *G*-Schicht farblos oder nur leicht getönt erscheint (Bild 5).

Im Gegensatz zur Hirnfläche läßt ein Längsschnitt sich besser glätten. Nach dem Anfärben mit Fluoreszenzfarbstoffen kann man unter einer UV-Analysenlampe eine Differenzierung in Reaktionsholz und Normalholz auf Grund unterschiedlicher Fluoreszenz vornehmen. Von 17 geprüften Fluoreszenzfarbstoffen zeigten Phloxin, Sulforhodamin B und Fluorescein-Na jeweils in 2%iger wäßriger Lösung besonders gute Ergebnisse. Nach dem Auftragen und oberflächlichen Abtrocknen der Farblösungen erscheinen die Reaktionsholzzonen unter der UV-Lampe als hell leuchtende Bänder, und zwar bei Phloxin und Sulforhodamin B rot und bei Fluorescein-Na gelb (Bild 2). Zerstreut liegende Bereiche mit Reaktionsholz erscheinen gesprenkelt. Zu bemerken wäre noch, daß auch das Spätholz aufleuchtet, so daß sich die Jahresringe deutlich abheben. Jahresring und Reaktionsholz lassen sich in den meisten Fällen klar unterscheiden. Mit dieser Methode erhält man im makroskopischen Bereich schnell Werte über den Reaktionsholzanteil.

Mit der makroskopischen Bestimmung erhält man meistens zu kleine Werte über den wahren Reaktionsholzanteil, denn es sind nur breitere Zonen (mindestens 1 mm breit) erfaßbar. Bei zerstreut auftretenden Reaktionsholzzellen versagt dieses Verfahren, so daß man dann zum Mikroskop oder zu einer guten Lupe greifen muß.

2.2. *Erkennen von Reaktionsholz mittels Lupe oder Lichtmikroskop*

Der sicherste Nachweis von Reaktionsholz bleibt die mikroskopische Untersuchung. Für die Mikroskopie sind allerdings Hand- oder Mikrotomschnitte erforderlich, so daß die Untersuchung ganzer Stammscheiben sehr zeitaufwendig ist. In den meisten Fällen genügt es, aus einer Stammscheibe zwei sich kreuzende Leisten von ca. 1 cm Breite zu entnehmen, die man dann in geeignete Blöckchen für die Mikrotomie zerlegt [18, 26].

Als Färbemethoden für das Reaktionsholz der Pappel haben sich bei uns folgende bewährt:

Die Anfärbung mit Astrablau und Safranin nach *Mađcz* und *Vágás* [23, 24, 25], *Höster* und *Liese* [16] ergibt eine leuchtend blaue *G*-Schicht neben den leuchtend roten verholzten Zellwandschichten. Diese intensive Farbreaktion fällt schon bei Lupenbetrachtung auf (Bild 3). Dauerpräparate lassen sich ohne Farbeinbuße gut aufheben.

Bei dieser Doppelfärbung kann man auch anstelle von Astrablau Chlorazol black oder Direkttiefschwarz nach *Wilcox* und *Marsh* [40] verwenden, wobei sich die *G*-Schicht dunkelbraun bis dunkelgrau von den leuchtend rot gefärbten lignifizierten Zellwänden abhebt. Die Kombination von Lichtgrün (fast green) und Safranin ergab mit dem zur Verfügung stehenden Farbstoff Lichtgrün SF gelblich (VEB Laborchemie Apolda) im Gegensatz zu *Akins* und *Pillow* [1] sowie *Dadswell* und *Wardrop* [12] keine befriedigenden Ergebnisse.

Wie ich bereits im Kapitel über das makroskopische Erkennen ausgeführt habe, färbt Safranin nur die lignifizierten Zellwandschichten an, während die *G*-Schicht farblos erscheint. Aber auch die Tertiärlamelle färbt sich bei Pappel mit Safranin rot an (Bild 5). Hiermit können wir ebenso wie mit Rutheniumrot [5, 41] eine der *G*-Schicht aufgelagerte S_3 nachweisen.

Gute Ergebnisse lassen sich stets mit der Chlorzinkjod-Färbung nach *Herzberg* erzielen, die wir wegen ihrer einfachen Handhabung für schnelle Untersuchungen bevorzugen (Bild 4). Die durch das Zinkchlorid bedingte Quellung und das Nachlassen der Farbintensität beschränken das Aufheben derartig gefärbter Präparate. Eine gewisse Quellung der *G*-Schicht ist zur Strukturaufklärung andererseits zum Teil erwünscht. So zeichnet sich die Pappel vor allem dadurch aus, daß die *G*-Schichten sehr unterschiedlich dick sein können. Sehr dünne *G*-Schichten erkennt man deshalb mit Chlorzinkjod sehr gut. Die leichte Quellung bringt auch den lamellaren Aufbau der *G*-Schicht hervor (Bild 6), mit der wir bei *Aesculus hippocastanum* den zeitlichen Ablauf der Zellwandbildung verfolgen konnten [3].

Ligninreagenzien wie Fuchsin/Pikrinsäure [7] oder Phlorglucin/HCl [1, 35] werden ebenfalls häufig verwendet, wobei sich die farblose *G*-Schicht von den rot gefärbten Zellwandschichten abhebt.

Die bisher geschilderten Verfahren der lichtmikroskopischen Untersuchung beziehen sich alle auf Querschnitte. In der Praxis kommt es jedoch häufig vor, daß zum Beispiel in einer Zellstoffprobe, also an Einzelfasern, der Reaktionsholzanteil bestimmt werden soll. In diesem Fall ist das Lignin weitgehend herausgelöst, so daß die beschriebenen Farbreaktionen keine Differenzierung hervorbringen. Der Aufbau der *G*-Schicht unterscheidet sich aber von der übrigen Zellwand, besonders von der S_2, durch den fast achsenparallelen Verlauf der Mikrofibrillen. Mit der Polarisationsmikroskopie läßt sich der achsenparallele Verlauf vom flach schraubigen Verlauf der Fibrillen in der S_2 unterscheiden [17, 27, 33, 37, 38, 39].

Werden derartige Einzelfasern gequollen, so unterscheiden sich die Quellbilder von Reaktionsholzfasern und Normalholzfasern durch die Anordnung der Fibrillen [7, 13, 37]. Auf diese beiden letzten Methoden möchten wir in einer ausführlichen Veröffentlichung näher eingehen.

Daß die Reaktionsholzzellen in der *G*-Schicht besonders gut in Richtung der Längsachse der Faser orientierte Fibrillen besitzen, ergeben auch die röntgenographischen Untersuchungen [7, 8, 9, 12, 22, 37].

2.3. *Elektronenmikroskopische Untersuchungen*

Die Feinstruktur der Zellwand läßt sich am besten mit dem Elektronenmikroskop studieren. Bei derartigen Untersuchungen haben wir nicht nur unsere lichtmikroskopischen Befunde voll bestätigt, sondern darüber hinaus neue Ergebnisse erzielt. Das Normalholz mit seiner großen Variabilität der Zellformen und Zellwanddicken zeigt den bekannten Zellwandaufbau mit Mittellamelle, Primärwand und einer dreischichtigen

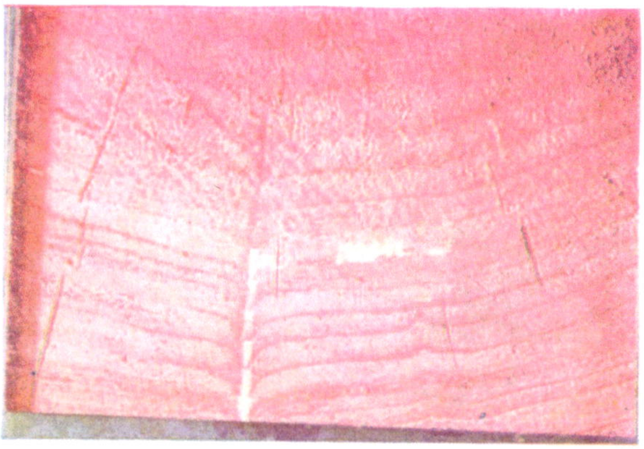

Bild 1. Stammquerschnitt von Populus robusta, Färbung mit 1%iger alkoholischer Safraninlösung. Nach dem Färben wurde die oberste Schicht abgetragen, wodurch eine Differenzierung in helle Reaktionsholzzonen und dunkle Normalholzzonen hervortritt

Bild 2. Stammlängsschnitte von Populus berolinensis unter UV-Licht, Färbung mit Fluorescein-Na (gelb) und Sulforhodamin B (rot). Jeweils hell aufleuchtend Reaktionsholz

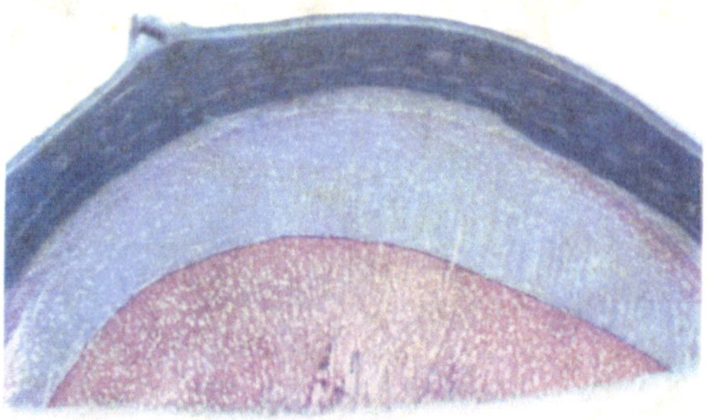

Bild 3. Stammquerschnitt von Populus berolinensis, Lupenaufnahme nach einer Astrablau/Safranin-Färbung. Reaktionsholz blau, Normalholz rot gefärbt

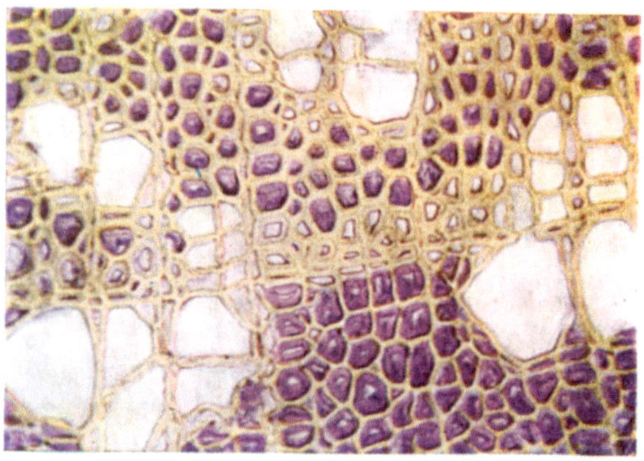

Bild 4. Querschnitt von Populus berolinensis nach Chlorzinkjod-Färbung. Lignifizierte Zellwandschichten gelb, *G*-Schichten blauviolett gefärbt

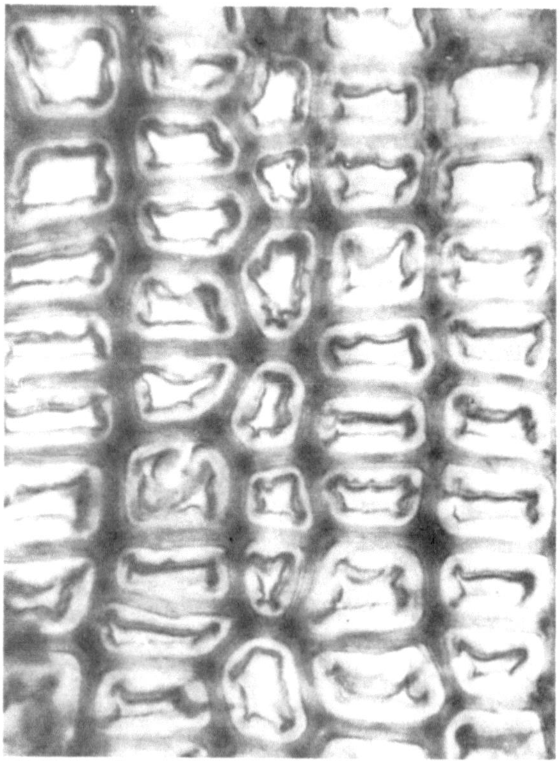

Bild 5. Querschnitt von Populus berolinensis, Safranin-färbung. Angefärbt sind nur die lignifizierten Wandschichten und die Tertiärlamelle (S_3), *G*-Schichten bleiben hell

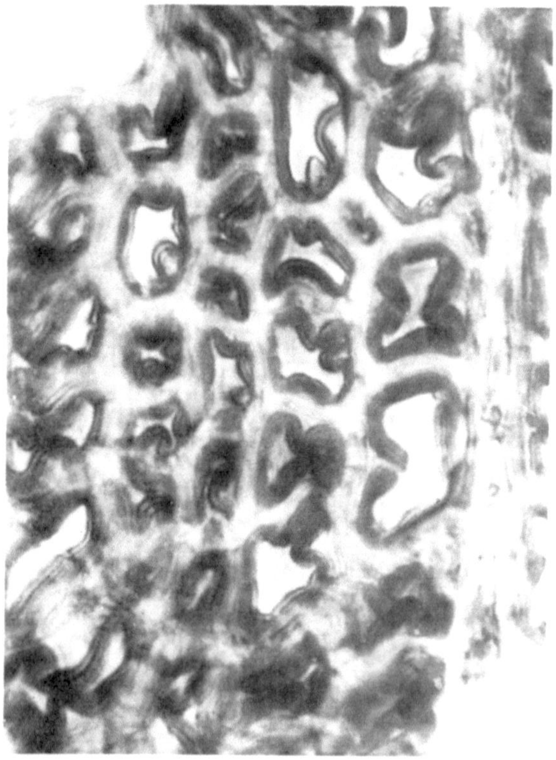

Bild 6. Querschnitt von Populus berolinensis, Chlorzinkjod-Färbung. Lamellenstruktur in der *G*-Schicht sichtbar

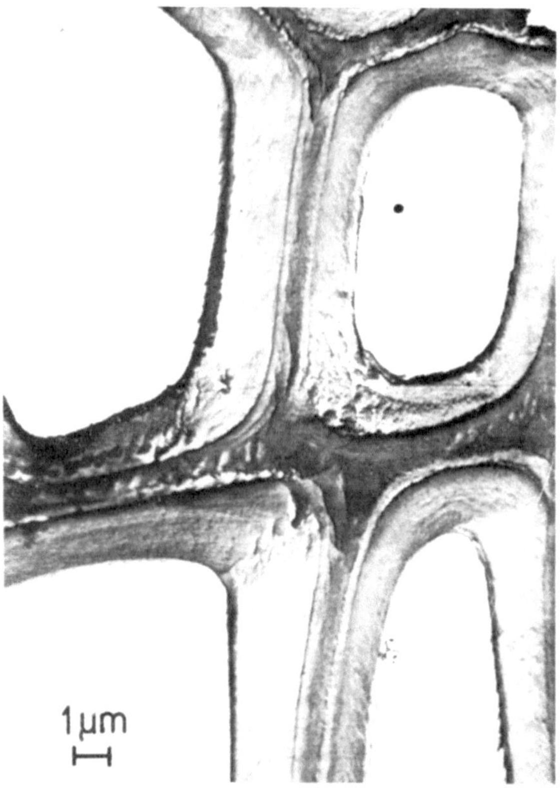

Bild 7. Querschnitt von Populus berolinensis, elektronenmikroskopische Aufnahme von Normalholz. Vergr. 5000:1

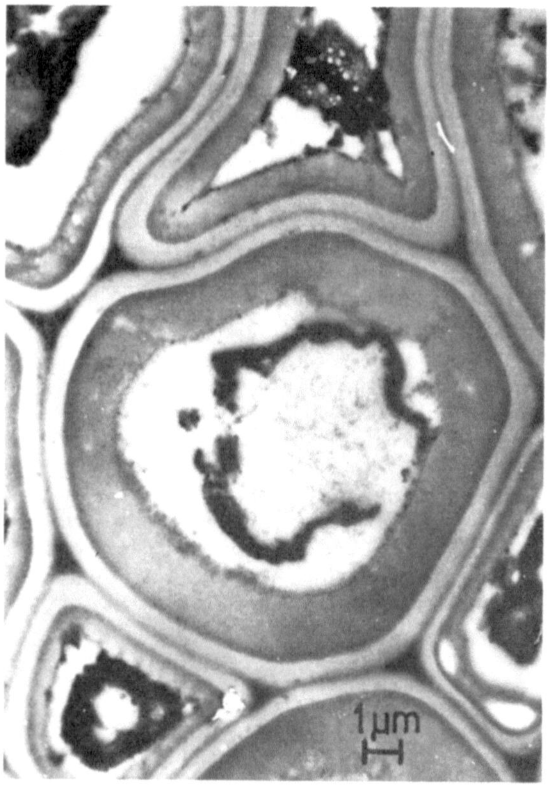

Bild 8. Querschnitt von Populus berolinensis, elektronenmikroskopische Aufnahme von Reaktionsholz mit kompakten *G*-Schichten. OsO_4-Kontrastierung. Methacrylat nicht herausgelöst. Vergr. 15000:1

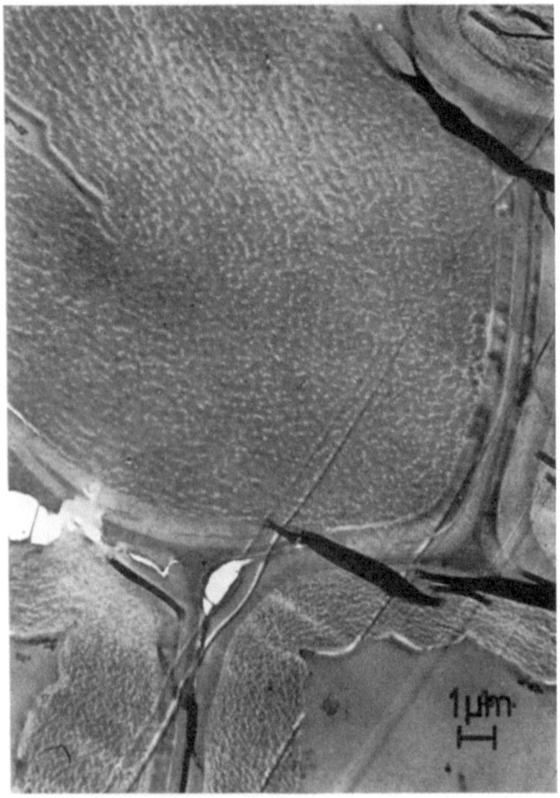

Bild 9. Querschnitt von Populus berolinensis, elektronenmikroskopische Aufnahme von Reaktionsholzzellen mit hoch gequollenen *G*-Schichten. Kontrastierung mit Phosphorwolframsäure und Uranylacetat. Methacrylat nicht herausgelöst. Vergr. 5000:1

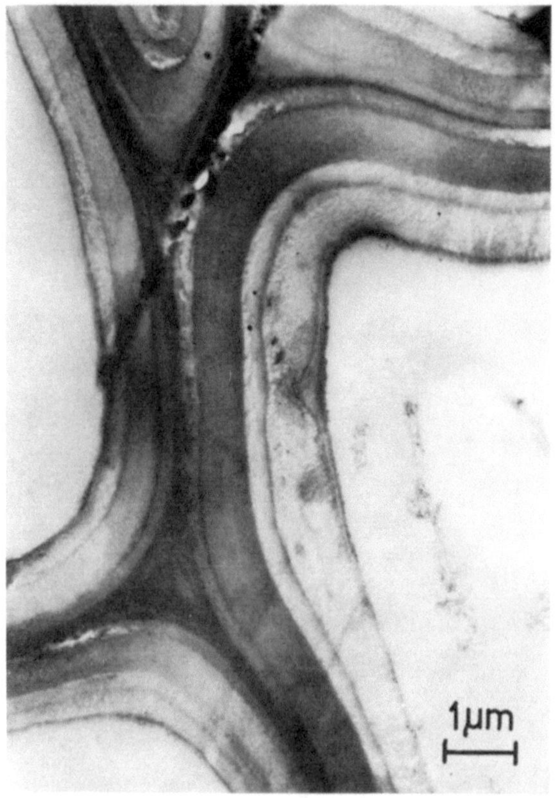

Bild 10. Querschnitt von Populus berolinensis, elektronenmikroskopische Aufnahme von Reaktionsholzzellen mit einer doppelten *G*-Schicht. OsO_4-Kontrastierung, Methacrylat nicht herausgelöst. Vergr. 10000:1

Sekundärwand (Bild 7). Beim Reaktionsholz der Pappel ist die S_2 meist nur schmal ausgebildet, auf die sich dann die *G*-Schicht auflagert. Die *G*-Schicht selbst kann sich einmal durch die Zahl der gebildeten Celluloselamellen und zum anderen durch den Quellungsgrad in der Dicke unterscheiden. In Bild 8 ist eine wenig strukturierte, wenig gequollene *G*-Schicht abgebildet und in Bild 9 als Gegensatz eine *G*-Schicht mit starker Quellung, die das ganze Lumen ausfüllt.

Eine besondere Ausbildung der *G*-Schicht zeigt Bild 10, bei dem deutlich zwei ligninfreie Schichten übereinander liegen. Eine Deutung dieser bisher nur einmal beobachteten Anomalie kann erst nach einer Bearbeitung von weiterem Material erfolgen. Die Wabenstruktur, die *Sachsse* [32, 33] bei Methacrylateinbettungen erhielt, dürften zum Teil Artefakte sein [10]. Wir bringen unsere Proben stets in vorpolymerisiertes Methacrylat und fangen dadurch das Schrumpfen der Proben weitgehend ab.

Bei Reaktionsholz konnten wir [4, 5] ebenso wie *Zenker* [41] und *Sachsse* [33] eine Tertiärlamelle nachweisen, die der *G*-Schicht lumenseitig aufgelagert ist. Dagegen konnten *Norberg* und *Meier* [28] bei *Populus tremula* keine Tertiärlamelle finden. Es ist anzunehmen, daß die einzelnen Pappelarten sich in ihrem Zellwandaufbau unterscheiden.

3. *Zusammenfassung der Ergebnisse*

Das Reaktionsholzproblem in seiner Vielfältigkeit ist der Gegenstand vieler Untersuchungen geworden, wobei immer wieder die Frage nach dem sicheren Erkennen und der quantitativen Bestimmung auftaucht. Während die klassische Lichtmikroskopie mit den Färbemethoden, wie Chlorzinkjod, Astrablau/Safranin, Lichtgrün/Safranin, Phloroglucin/HCl oder Fuchsin/Pikrinsäure uns gute Kenntnisse über das Vorkommen und die Struktur des Reaktionsholzes vermittelt hat, lagen über das makroskopische Erkennen sowie über die Feinstruktur des Reaktionsholzes der Pappel nur wenige oder widersprüchliche Literaturangaben vor [10, 28, 32, 33, 35]. Das makroskopische Erkennen von Reaktionsholz in Stammscheiben, das von hoher praktischer Bedeutung ist, ist mehr oder weniger auf größere Reaktionsholzzonen beschränkt. Eine Anfärbung mit Chlorzinkjod oder Lichtgrün führt nur bei geglätteten Hirnflächen zum Erfolg, die aber gerade bei der Pappel kaum zu erhalten sind [33]. Wir haben deshalb zwei andere Verfahren entwickelt, die praktische Bedeutung erlangen können. Die eine beruht auf der Tatsache, daß Safranin im Reaktionsholzgewebe schlechter wandert als im Normalholz, so daß sich nach einer Färbung der Stammscheibe und vorsichtigem Abtragen der obersten Schichten Farbdifferenzen zwischen Normal- und Reaktionsholz abzeichnen. Die zweite Methode beruht auf der unterschiedlichen Fluoreszenz von Reaktions- und Normalholzgewebe nach einer Behandlung mit Fluoreszenzfarbstoffen, wie Fluorescein-Na, Phloxin oder Sulforhodamin B. Hier ist eine quantitative Auswertung an Längsschnitten, die sich besser glätten lassen, möglich.

Die elektronenmikroskopischen Untersuchungen geben uns einen Einblick in die Ultrastruktur der Zellwand und besonders über den verschiedenartigen Aufbau der *G*-Schicht bei der Pappel. Neben hochgequollenen gibt es kompakte, ungequollene und sogar doppelte *G*-Schichten. Eine Tertiärlamelle ist oft der *G*-Schicht aufgelagert.

Für die Mitarbeit bei den umfangreichen lichtmikroskopischen Untersuchungen danke ich Frau *E. Hoyme* sowie Fräulein *S. Bertram* und Fräulein *I. Matzke*. Mein Dank für die Ultradünnschnitte gilt Fräulein *A. Zinsser*. Herrn Dr. *W. Anders*, Institut für Zellstoff und Papier, und Herrn Prof. Dr. *B. Philipp* danke ich für die Anregungen und das Interesse an diesen Arbeiten.

Literatur

[1] *Akins, V.*, und *Pillow, M. Y.*: Occurrence of gelatinous fibers and their effect upon properties of hardwood species. Proc. Forest Products Res. Soc. Preprint No 117 (1950).
[2] *Baudendistel, M. E.*, und *Akins, V.*: High longitudinal shrinkage and gelatinous fibers in an eccentric cottonwood log. J. Forestry **44** (1946) S. 1053—1057.
[3] *Casperson, G.*: Über die Bildung von Zellwänden bei Laubhölzern. 2. Mitt.: Der zeitliche Ablauf der Sekundärwandbildung. Z. Botanik **49** (1961) S. 289—306.
[4] *Casperson, G.*: Zur Anatomie des Reaktionsholzes. Svensk Papperstidn. **68** (1965) S. 534—544.
[5] *Casperson, G.*, und *Hoyme, E.*: Über die Bildung von Zellwänden bei Laubhölzern. 3. Mitt.: Über die Lumenbegrenzung beim Reaktionsholz. Faserforsch. u. Textiltechnik **15** (1964) S. 205—210.
[6] *Clarke, S. H.*: The influence of cell wall composition on the physical properties of beech wood (*Fagus sylvatica* L.). Forestry **10** (1936) S. 143—148.
[7] *Correns, E.*: Über anormale Holzfasern. Paperi ja Puu, Helsinki (Papier u. Holz) **43** (1961) S. 47—62.
[8] *Correns, E.*, *Wergin, W.*, und *Ruscher, Ch.*: Über Strukturunterschiede in den Zellwänden von Laubhölzern. Faserforsch. u. Textiltechnik **7** (1956) S. 565—569.
[9] *Correns, E.*, *Wergin, W.*, und *Ruscher, Ch.*: Über eine Asymmetrie im Röntgendiagramm verschiedener Holzproben. Faserforsch. u. Textiltechnik **7** (1956) S. 569—570.
[10] *Côté, W. A.*, und *Day, A. C.*: The G-layer in gelatinous fibers in electron microscopic studies. Forest Poducts J. **12** (1962) S. 333—338.
[11] *Dadswell, H. E.*, und *Wardrop, A. B.*: What is reaction wood? Australian Forestry **13** (1949) S. 22—33.
[12] *Dadswell, H. E.*, und *Wardrop, A. B.*: The structure and properties of tension wood. Holzforsch. **9** (1955) S. 97—104.
[13] *Dadswell, H. E.*, und *Wardrop, A. B.*: Die Bedeutung des Zugholzes für die Holzverwertung. ATTIPA Proc. **10** (1956) S. 3—42.
[14] *Dadswell, H. E.*, *Wardrop, A. B.*, und *Watson, A. J.*: The morphology, chemistry and pulping characteristics of reaction wood. Fundamentals Papermak. Fibres (1958) S. 187—228.
[15] *Hartig, R.*: Holzuntersuchungen, Altes und Neues. Berlin: Springer 1901.
[16] *Höster, H.-R.*, und *Liese, W.*: Über das Vorkommen von Reaktionsgewebe in Wurzeln und Ästen der Dikotyledonen. Holzforsch. **20** (1966) S. 80—90.
[17] *Jaccard, P.*, und *Frey, A.*: Einfluß der mechanischen Beanspruchung auf die Micellarstruktur, Verholzung und Lebensdauer der Zug- und Druckholzelemente. Jb. wiss. Botanik **68** (1928) S. 844—866.
[18] *Jayme, G.*: Über die Bedeutung des Zugholzanteiles in Pappelhölzern. Holz Roh- u. Werkstoff **9** (1951) S. 173—175.
[19] *Jayme, G.*, und *Harders-Steinhäuser, M.*: Über die chemische Zusammensetzung des Zugholzes in einem Pappelholz. Papier **4** (1950) S. 104—113.
[20] *Jayme, G.*, und *Harders-Steinhäuser, M.*: Zugholz und seine Auswirkungen in Pappel- und Weidenholz. Holzforsch. **7** (1953) S. 39—43.
[21] *Jayme, G.*, *Harders-Steinhäuser, M.*, und *Mohrberg, W.*: Einfluß des Zugholzanteils auf die technologische und chemische Verwendbarkeit von Pappelhölzern. Papier **5** (1951) S. 411—417, 445—447, 504—507.
[22] *Kantola, M.*: Röntgenographische Untersuchungen über die Orientierung der Kristallite in Holzfasern. Faserforsch. u. Textiltechnik **15** (1964) S. 587—590.
[23] *Maácz, G.*, und *Vágás, E.*: A new method for staining of cellulose and lignified cell-walls. Mikroskopie **16** (1961) S. 40—43.
[24] *Maácz, G. J.*, und *Vágás, E.*: Untersuchung des Zugholzes mit dreifacher Färbung. Acta biol. Acad. Sci. hung. **13** (1963) S. 341—346.
[25] *Maácz, G. J.*, und *Vágás, E.*: Investigation of structure-density of the lignified plant cell wall with triple staining. Mikroskopie **19** (1964) S. 102—106.
[26] *Müller-Stoll, W. R.*, und *Zenker, R.*: Untersuchungen über Häufigkeit und Verteilung des Zugholzes in Pappelstämmen. Holz Roh- u. Werkstoff **67** (1967) S. 245—254.
[27] *Münch, E.*: Statik und Dynamik des schraubigen Baues der Zellwand, besonders des Druck- und Zugholzes. Flora, Jena **132** (1938) S. 357—424.
[28 *Norberg, P. H.*, und *Meier, H.*: Physical and chemical properties of the gelatinous layer in tension wood fibres of aspen (*Populus tremula* L.). Holzforsch. **20** (1966) S. 174—178.
[29] *Patscheke, G.*, *Kramer, W.*, und *Berger, S.*: Untersuchungen über die Verteilung des Zugholzes am Stamm und an Stockausschlägen der Pappel. Arch. Forstwesen **10** (1961) S. 586—602.
[30] *Rendle, B. J.*: Tension wood — a natural defect of hardwoods. Wood **20** (1955) S. 348—351.
[31] *Rünger, H. G.*, und *Klauditz, W.*: Über Beziehungen zwischen der chemischen Zusammensetzung und den Festigkeitseigenschaften des Stammholzes von Pappeln. Holzforsch. **7** (1953) S. 43—58.
[32] *Sachsse, H.*: Elektronenmikroskopische Untersuchungen über die Zellwandstruktur von Zugholzfasern. Holz Roh- u. Werkstoff **20** (1962) S. 429—433.
[33] *Sachsse, H.*: Untersuchungen über Eigenschaften und Funktionsweise des Zugholzes der Laubbäume. Schriftenreihe Forstl. Fak. Univ. Göttingen 35. Frankfurt a. M.: Sauerländer 1965.
[34] *Sanio, C.*: Vergleichende Untersuchungen über die Elementarorgane des Holzkörpers. Botanische Ztg. **21** (1863) S. 85—91, 101—111, 113—118, 121—128.
[35] *Walkenhorst, R.*: Die Holzeigenschaften verschiedener Pappelsorten unter besonderer Berücksichtigung der Zugholzbildung. Diss. Göttingen, Forstl. Fak. Hannoversch-Münden 1954.
[36] *Walkenhorst, R.*: Untersuchungen an Pappelholz. Holz-Zbl. **82** (1956) S. 1507—1509.
[37] *Wardrop, A. B.*, und *Dadswell, H. E.*: The nature of reaction wood. I. The structure and properties of tension wood fibres. Austr. J. sci. Res. **B1** (1948) S. 3—16.
[38] *Wardrop, A. B.*, und *Dadswell, H. E.*: Cell wall studies in relation to pulp and paper research. Proc. Austr. Pulp Paper Ind. Techn. Assoc. **5** (1951) S. 204—225.
[39] *Wardrop, A. B.*, und *Dadswell, H. E.*: The nature of reaction wood. IV. Variations in cell wall organization of tension wood fibres. Austr. J. Botany **3** (1955) S. 177—189.
[40] *Wilcox, H. E.*, und *Marsh, L. C.*: Staining plant tissues with chlorazol black E and pianese III-B. Stain. Technol. **39** (1964) S. 81—86.
[41] *Zenker, R.*: Der Abbau der Zugholzlamelle durch holzzerstörende Pilze. Internat. Symposium Holzzerstörung durch Pilze, Eberswalde 1962. Berlin: Akademie Verlag 1963, S. 77—81.
[42] *Zenker, R.*: Einfluß einiger anatomischer Eigenschaften des Pappelholzes auf die Rohdichte unter besonderer Berücksichtigung der Zugholzfasern. Faserforsch. u. Textiltechnik **16** (1965) S. 502—514.

Eingegangen am 23. Februar 1968

Untersuchungen zum Einfluß von Tensiden auf die chemischen Umsetzungen im Viskoseprozeß

2. Mitt.: Untersuchungen zum Verlaufe der Sulfidierung[1])

Harry Schleicher und *Burkart Philipp*

Deutsche Akademie der Wissenschaften zu Berlin, Institut für Faserstoff-Forschung in Teltow-Seehof

677.463.021.22:677.041.4:661.728.84:543.888:541.8

Der Einfluß eines Tensidzusatzes auf die Höhe des Brutto-Gammawertes und die Xanthogenatgruppenverteilung an gut und schlecht abgepreßten Alkalicellulosen aus unterschiedlichen Zellstoffen wurde untersucht und geprüft, ob die Nachsulfidierung und Xanthogenatauflösung durch Tenside beeinflußt werden. Außerdem wurden die Löslichkeiten der ohne Tensidzusatz aus Fichte- und Buche-Sulfit- und Sulfat-Zellstoff hergestellten DA-Xanthate verglichen.

Исследование влияния поверхностно-активных веществ на химические реакции в процессе вискозообразования

Сообщ. 2-е: Исследование хода процесса ксантогенирования

Исследовано влияние добавки поверхностно-активных веществ (ПАВ) на величину γ-значения и на распределение ксантогенатных групп при ксантогенировании хорошо и плохо отжатых щелочных целлюлоз, полученных из различных видов целлюлозы. При этом испытывалось, в какой степени ПАВ влияют на ход дополнительного ксантогенирования и растворения ксантогената. Кроме того, сравнивалась растворимость ДА-ксантогенатов, полученных из еловой и буковой сульфитной и сульфатной целлюлоз без добавки ПАВ.

Investigations of the Effect of Tensides on the Chemical Conversions in the Viscose Process

2nd Comm.: Investigations on Course of Sulfidation

The effect of tensides on overall γ-value and xanthate group distribution was investigated with alkali cellulose samples obtained from different pulps and squeezed to high and low squeezing degrees. It was examined whether after-sulfidation and dissolving of the xanthate are affected by the tensides employed. Further, the solubility of DA-xanthates obtained from spruce and beech sulfite and sulfate pulp without addition of tensides was compared.

1. Einführung

Wie in unserer ersten Mitteilung [1] gezeigt wurde, ist der Einfluß eines Tensidzusatzes auf den Verlauf der Alkalicellulosebildung verhältnismäßig gering und äußert sich allenfalls in einem steileren Verlauf der röntgenographischen Mercerisierkurven harzarmer Zellstoffe. Nachdem ergänzende Versuche die von uns [2] und anderen Autoren [3] schon früher getroffene Feststellung bestätigt hatten, daß ein Tensidzusatz zur Löselauge in keinem Falle zu einer Filtrationsverbesserung der Viskose führt, während eine Zugabe oberflächenaktiver Stoffe bei der Sulfidierung auch unter optimalen Laborbedingungen bei harzarmen Sulfatzellstoffen Filterwert und Teilchenzahl der Viskose erheblich verringert, mußte diese Wirkung eines Tensidzusatzes ausschließlich auf eine Beeinflussung des Xanthogenierverlaufes zurückgeführt werden, die im folgenden näher untersucht werden soll. In erster Linie verfolgten wir den zeitlichen Verlauf einer Faserxanthogenierung mit und ohne Tensidzusatz und die dabei erhaltene „Gleichmäßigkeit der Substituentenverteilung“ [4 bis 6] bei Einsatz unterschiedlich stark abgepreßter Alkalicellulosen aus recht verschiedenartigen Zellstoffen, wobei gleichzeitig ein Beitrag zu der noch offenen Frage gegeben werden sollte, ob und in welchem Ausmaß Holzart und Kochverfahren des Zellstoffs die Xanthogenatgruppenverteilung beeinflussen.

2. Angaben zur Versuchsführung

Neben den in Tabelle 1 der 1. Mitteilung aufgeführten Zellstoffen wurde noch ein Vorhydrolyse-Buchen-Sulfat-Zellstoff (BuSa) mit einem α-Cellulosegehalt von 93% in die Untersuchungen mit einbezogen.

Ausgehend von ca. 150 g Zellstoff, wurden unterschiedlich stark abgepreßte Alkalicellulosen durch Maischalkalisierung hergestellt. Sofern nicht anders vermerkt, wurden jeweils 5 g auf einen DP von ca. 500 vorgereifte Alkalicellulose in einen 100-ml-Rundkolben bei konstanter Temperatur von 28 °C mit der vorgegebenen CS_2-Menge nach vorherigem Evakuieren sulfidiert. Neben der bei Aufsprühen des CS_2 auf die Alkalicellulose stattfindenden Umsetzung mit gasförmigem und flüssigem CS_2, die im folgenden als „Flüssigphasensulfidierung“ bezeichnet wird, wurde in einzelnen Versuchen durch geeignete Teilung des Kolbeninnenraumes auch eine reine „Gasphasensulfidierung“ vorgenommen. Sofern ein Tensidzusatz erfolgte, wurde die oberflächenaktive Substanz („Visco 31“ der Berol AB Göteborg) bereits beim Zerfasern auf die Alkalicellulose aufgesprüht.

Nach Ablauf der vorgegebenen Reaktionszeit wurde das Faserxanthat zur Entfernung von überschüssigem CS_2 zweimal mit Äthyläther und zur Entfernung der Nebenprodukte mehrfach mit eiskalter gesättigter Ammonchloridlösung ausgewaschen und dann das Reinxanthat entweder der gasanalytischen γ-Zahl-Bestimmung [7] unterworfen oder mit Diäthylchloracetamid im Faserverband zum DA-Xanthat umgesetzt, wobei hinsichtlich der Methodik auf unsere früher mitgeteilte Arbeitsvorschrift verwiesen sei [5]. An den bei Raumtemperatur im Vakuum getrockneten DA-Xanthaten wurden der γ_N-Wert durch Stickstoffbestimmung nach *Kjeldahl* und der in Dimethylsulfoxid lösliche Anteil ermittelt, um aus dieser „Teilfraktionierung“ in einem löslichen und einem unlöslichen Anteil und den γ_N-Werten dieser Anteile Rückschlüsse auf die Gleichmäßigkeit der Substituentenverteilung längs der Einzelkette und von Kette zu Kette zu ziehen. Zur Löslichkeitsbestimmung wurden 300 bis 1500 mg DA-Xanthat (steigende Einwaage mit steigendem γ-Wert) in einem Zentrifugenglas mit ca. 100 ml DMSO 15 h bei Raumtemperatur stehen gelassen, dann durch Zentrifugieren das Ungelöste abgetrennt, dreimal mit je 20 bis 30 ml DMSO gewaschen,

[1]) 1. Mitt. s. [1].

anschließend durch Waschen mit mindestens 1 l Wasser vom anhaftenden DMSO befreit, mit Methanol und Äther nachgewaschen, trocken gesaugt und im Vakuum-Exsikkator bei Raumtemperatur getrocknet. Wie in einer früheren Veröffentlichung [6] von uns ausführlich beschrieben, wurde zur Auswertung außer Mengenanteil und γ_N-Wert des Ungelösten der Dispersitätswert

$$D = \frac{(\gamma_{\text{Gelöstes}} - \gamma_{\text{Gesamt}}) \cdot \%\ \text{Gelöstes}}{100} + \frac{(\gamma_{\text{Gesamt}} - \gamma_{\text{Rückstand}}) \cdot \%\ \text{Rückstand}}{100}$$

herangezogen. Über die Substituentenverteilung längs der Einzelkette wurden in einigen Versuchsreihen zusätzliche Informationen aus der Änderung von Löse-Rückstandsmenge und D-Wert durch eine einstündige Hydrolyse des DA-Xanthats bei 80 °C mit 2 n HCl erhalten (vgl. [5]).

In einzelnen Fällen wurde das Xanthatquellungsbild der Faserxanthate mit der von uns modifizierten Methode [8] nach *Avisiers* und *Hess* [9] bestimmt und ein „QS-Kennwert" berechnet. Für einzelne ergänzende Versuche zur Emulsionsxanthogenierung mit und ohne Tensidzusatz wurden die ursprünglich von *Bartunek* [10] mitgeteilten Arbeitsvorschriften zur Bestimmung des Mercerisier- und des Sulfidierwiderstandes in der von uns abgewandelten Form [11] zugrundegelegt.

3. *Versuchsergebnisse und ihre Auswertung*

3.1. *Untersuchungen zur Xanthogenierung eines Fichten-Vorhydrolyse-Sulfatzellstoffs*

Zunächst wurden normal, d. h. auf ca. 33% Cellulosegehalt abgepreßte Alkalicellulosen aus dem Cordzellstoff „FiSa" für Untersuchungen des Xanthogenierverlaufes und der Xanthatgruppenverteilung herangezogen, da hier ein Tensidzusatz zur Alkalicellulose im Gegensatz zu Sulfitzellstoffen eine recht erhebliche Verbesserung der Viskosefiltrierbarkeit ergeben hatte. Sowohl bei einer dem technischen Sulfidierprozeß etwa entsprechenden Xanthogenierung mit 40% CS_2 bei 28 °C während 2,5 h wie auch bei Umsetzung mit einem großen CS_2-Überschuß während unterschiedlicher Zeiten war nach Tensidzusatz im γ-Zahl-Bereich zwischen 40 und 70 eine geringe, aber gesicherte γ-Zahl-Erhöhung um etwa drei Einheiten gegenüber den Vergleichsansätzen ohne Tensid zu beobachten. Der bei den Ansätzen mit 40% CS_2 ebenfalls bestimmte Trithiocarbonatgehalt wies gleichfalls eine gewisse Zunahme nach Tensidzusatz auf, so daß man hier insgesamt eine vollständigere Umsetzung des vorgegebenen CS_2 in Gegenwart eines Tensides feststellen kann.

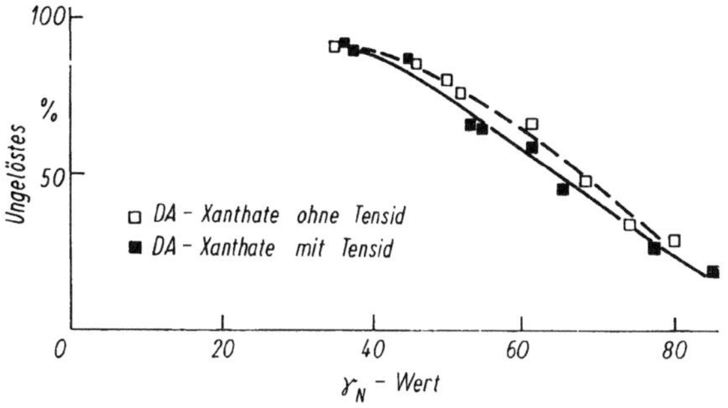

Bild 1. Vergleich der Löslichkeiten von Faser-DA-Xanthaten, die ohne und mit Tensidzusatz hergestellt wurden

Die Untersuchungen an DA-Xanthaten aus „FiSa" seien an Hand der folgenden Tabellen und Bilder besprochen. Nach einer bis etwa zum maximalen γ-Wert geführten „Flüssigphasen"-Xanthogenierung mit unterschiedlicher CS_2-Vorgabe zwischen 25 und 60% zeigte sich unter gleichen Sulfidierbedingungen wieder eine Tendenz zu etwas höheren γ-Werten bei den Proben mit Tensidzusatz. Die Löserückstandswerte der DA-Xanthate in DMSO nahmen erwartungsgemäß mit steigendem γ-Wert ab, und zwar oberhalb γ 45 etwa linear (Bild 1). Auch unter Berücksichtigung der gegenüber den Vergleichsproben etwas höheren γ-Werte läßt sich aus dieser Darstellung eine geringfügig höhere Löslichkeit der mit Tensidzusatz hergestellten DA-Xanthate erkennen, was u. E. auf eine gleichmäßigere Substituentenverteilung hindeutet. Bei unterschiedlich langer Flüssigphasensulfidierung mit CS_2-Überschuß (200% auf Cellulose bezogen) bestätigte sich die Tendenz zu höheren γ_N-Werten nach Tensidzusatz; Unterschiede in den Löserückstandskurven (analog Bild 1) waren jedoch kaum zu bemerken. Stellt man unter diesen Bedingungen „Gasphasen"- und „Flüssigphasen"-Sulfidierung gegenüber, so zeigen sich nach gleichen Reaktionszeiten keine gesicherten Unterschiede im γ-Wert (Tabelle 1).

Hinsichtlich der Substituentenverteilung ist bei Gasphasensulfidierung schon rein überlegungsmäßig

Tabelle 1. Vergleich der γ_N-Werte und Löslichkeiten von Faser-DA-Xanthaten aus FiSa bei der Sulfidierung mit flüssigem und gasförmigem Schwefelkohlenstoff
Gut abgepreßte Alkalicellulose mit einem Cellulosegehalt von 33,5%, Einsatz von 200% CS_2 bei der Sulfidierung

Sulfidier-Zeit [min]	CS_2	Alkalicellulose ohne Tensid				Alkalicellulose mit Tensid			
		γ_N-Wert	% Ungelöstes	γ_N-Wert vom Ungelösten	D	γ_N-Wert	% Ungelöstes	γ_N-Wert vom Ungelösten	D
30	gasförmig	25,6	95,2	20,0	10,7	25,6	96,1	21,0	8,8
	flüssig	25,2	94,3	19,0	11,7	26,4	96,1	21,2	10,8
60	gasförmig	50,8	92,7	46,3	8,3	—	—	—	—
	flüssig	48,8	92,6	42,5	11,6	48,0	92,7	45,6	4,4
90	gasförmig	69,5	64,1	61,2	10,7	72,4	41,4	67,5	4,0
	flüssig	71,5	59,1	59,0	14,8	67,5	72,3	62,8	6,8
120	gasförmig	75,0	12,8	49,0	6,8	83,5	4,3	46,8	3,0
	flüssig	81,0	11,8	49,7	5,1	(67,5)	17,3	48,8	6,3

Tabele 2. Xanthogenierung schlecht abgepreßter Alkalicellulosen, 200% CS_2-Einsatz, 28°C, 90 min Sulfidierzeit

Tensidzusatz	CS_2-Einwirkung	γ_N-Wert	% Ungelöstes
nein	gasförmig	64	52,3
nein	flüssig	64	58,6
ja	gasförmig	65	41,9
ja	flüssig	65	45,3

eine bessere Gleichmäßigkeit zu erwarten, die an Hand der Löserückstandswerte und der in Tabelle 1 mit aufgeführten „D-Werte" bestätigt wird, wobei letztere allerdings insofern etwas unsicher sind, als zu ihrer Berechnung nur Löserückstandsmenge und Rückstands-γ_N-Wert, nicht aber der γ_N-Wert des gelösten Anteils als experimentelle Daten zur Verfügung standen. Aus den niedrigeren D-Werten nach Tensidzusatz läßt sich eine gewisse vergleichmäßigende Wirkung des Tensids erkennen.

Viel ausgeprägter ist der Tensideinfluß auf die Löserückstandswerte beim Xanthogenieren schlecht abgepreßter Alkalicellulose mit weniger als 30% Cellulosegehalt (Tabelle 2).

Die Angaben sind Mittelwerte aus je drei Einzelansätzen.

Bei fast gleichem γ_N-Wert ist die Xanthatgruppenverteilung nach Tensidzugabe offensichtlich erheblich gleichmäßiger; gleichzeitig bestätigt sich auch hier wieder ein gewisser Einfluß der Art der CS_2-Einwirkung auf die Gleichmäßigkeit des Faserxanthats.

3.2. *Vergleich verschiedenartiger Zellstoffe*

Wie Tabelle 3 an Hand von Flüssigphase-Sulfidierungen normal abgepreßter tensidfreier Alkalicellulosen mit 200% CS_2 zeigt, treten unter gleichen Xanthogenierbedingungen zwischen verschiedenen Zellstoffarten erhebliche Unterschiede in der DMSO-Löslichkeit der DA-Xanthate auf, und zwar auch dann, wenn analog der in Bild 1 gegebenen Darstellung der Einfluß des unterschiedlichen γ-Wertes berücksichtigt wird.

Daß Sulfatzellstoffe aus Fichte wie aus Buche bei gleichem γ_N-Wert schlechter lösliche DA-Xanthate ergeben, war auf Grund der bekannten Strukturunterschiede zwischen Sulfit-, Sulfat- und Linterszellstoffen und früherer eigener Ergebnisse zu erwarten und wird hier experimentell bestätigt. Auch die Unterschiede im D-Wert deuten auf eine gleichmäßigere Substituentenverteilung bei Xanthaten aus Sulfitzellstoffen hin. Bemerkenswert erscheint die im Vergleich zu solchen aus Fichte ausgesprochen gute Löslichkeit von DA-Xanthaten aus Buche, die vor allem beim Vergleich der Sulfitzellstoffe in Erscheinung tritt.

Eine Bestimmung des D-Wertes vor und nach hydrolytischer Behandlung des DA-Xanthats weist darauf hin, daß diese höhere Gleichmäßigkeit der Substituentenverteilung hier vor allem auf eine gleichmäßigere Verteilung längs der Einzelkette zurückzuführen ist, denn der D-Wert nimmt bei DA-Xanthat aus Buchensulfitstoff nach Hydrolyse nur wenig zu. Ein Tensidzusatz läßt auch hier unter sonst konstant gehaltenen Bedingungen den γ_N-Wert um ca. drei Einheiten ansteigen und die DMSO-Löslichkeit des DA-Xanthats entsprechend zunehmen.

Bei Einsatz schlecht abgepreßter Alkalicellulose (26 bis 28% Cellulose) aus Buchen- und Fichtensulfitzellstoffen wurde in Gegenwart von Tensid neben einer geringen γ-Wert-Erhöhung eine recht merkliche Zunahme der Löslichkeit des DA-Xanthats beobachtet, während bei normal abgepreßter Alkalicellulose aus diesen Zellstoffen praktisch kein Tensideinfluß auftrat.

3.3. *Ergänzende Untersuchungen zur Klärung des Tensideinflusses auf die Xanthogenierung*

Durch Flüssigphasensulfidierung einer aus level-off-DP-Cellulose (DP = 135) von Fichtensulfatzellstoff hergestellten und auf ca. 20% Cellulose abgepreßten Alkalicellulose wurde geprüft, ob sich ein Tensidzusatz in stärkerem Maße auf den Xanthogenierverlauf in den höher geordneten Faserbereichen auswirkt. Nach den in Bild 2 aufgetragenen Ergebnissen ist dies offensichtlich nicht in nennenswertem Maße der Fall. Allerdings wird die LODP-Alkalicellulose — mit wie auch ohne Tensidzusatz — wesentlich langsamer xanthogeniert als eine „normale" Alkalicellulose aus dem gleichen Zellstoff. Dies mag teilweise auf den recht niedrigen DP der LODP-Alkalicellulose zurückzuführen sein, denn auch nach sehr weit getriebener Vorreife einer gleichfalls nur auf einen Cellulosegehalt von ca. 20% abgepreßten Alkalicellulose aus dem unbehandelten Fichtensulfatzellstoff fanden wir einen merklichen Rückgang der Sulfidiergeschwindigkeit (γ-Wert 47 nach 90 min Sulfidierzeit). Daneben muß man jedoch eine ausgeprägte Accessibilitätsverringerung der alkalisierten LODP-Cellulose annehmen, nicht nur im Vergleich zu einer „normalen" Alkalicellulose als Ganzes, sondern auch im Vergleich zu deren hochgeordneten Bereichen. Diese Accessibilitätsverringerung wurde bei unbehandelten LODP-Cellulosen aus Holzzellstoff bei weitem nicht in solchem Maße beobachtet [12] und scheint also erst bei der Alkalibehandlung einzutreten. Sie wurde übrigens von uns in ähnlicher

Tabelle 3. γ_N-Werte und Löslichkeiten von Faser DA-Xanthaten aus verschiedenen Zellstoffen Einsatz von 200% CS_2 bei der Sulfidierung

Zellstoff	60 min Sulfidierzeit			90 min Sulfidierzeit		
	γ_N-Wert	% Ungelöstes	D	γ_N-Wert	% Ungelöstes	D
FiSi	47,8	79,4	10,8	64,9	54,3	7,0
FiSa	48,0	86,5	11,6	71,5	59,1	14,8
BuSi	41,8	76,4	3,7	71,0	30,2	3,3
BuSa	51,5	84,5	8,8	69,5	38,1	10,4

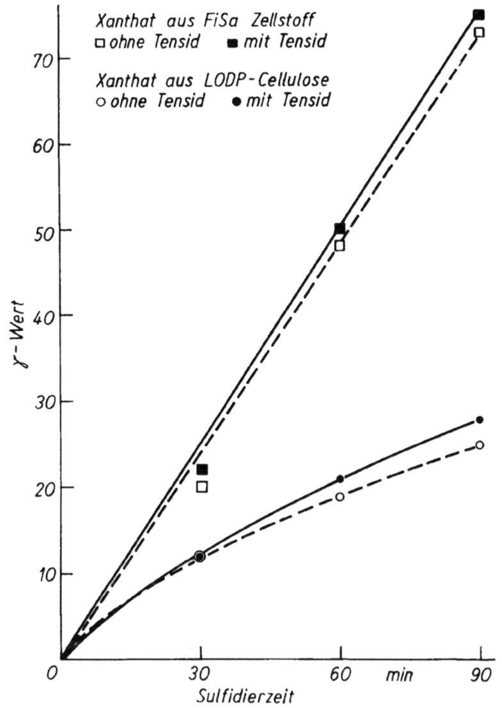

Bild 2. Abhängigkeit des Gammawertverlaufs vom Ausgangsmaterial (Sulfidierung mit 200% CS_2 bei 28°C)

Weise bei der ebenfalls in wäßrig-alkalischem Medium ablaufenden Cyanoäthylierung der Cellulose [13] gefunden.

Bei einigen orientierenden Untersuchungen zu dem von *Pašteka* [14] beschriebenen Effekt einer Nachsulfidierung durch in der anhaftenden Lauge gelösten bzw. adsorbierten CS_2 konnten wir keinerlei Tensideinfluß feststellen.

Abschließend sei erwähnt, daß auch die Auflösung xanthogenierter Cellulose durch Tensidzusatz vor der Sulfidierung nicht in nennenswertem Umfange gefördert oder beschleunigt wird. Einige orientierende Bestimmungen des Mercerisier- und Sulfidierwiderstandes verschiedener Zellstoffe bestätigten die schon von *Claus* und *Schmiedeknecht* [15] getroffene Feststellung, daß das Inlösunggehen durch Tenside nicht erleichtert wird. Auch die halbquantitative Auswertung der QS-Bilder von Faserxanthaten ergab keine Anhaltspunkte für eine weitergehende Quellung der unter Tensidzusatz hergestellten Xanthogenate.

4. *Zusammenfassung und Schlußfolgerungen*

Insgesamt gesehen, ist der Einfluß eines Tensidzusatzes auf die makroskopisch-summativen Analysenwerte des Xanthogenierungsverlaufes geringer, als wir zunächst vermutet hatten, und zwar auch bei solchen Zellstoffen, die wie FiSa bei Anwesenheit eines Tensids wesentlich besser filtrierbare Viskosen liefern. Sofern normal abgepreßte Alkalicellulosen eingesetzt werden, führt hier ein Tensidzusatz nur zu einer geringfügigen γ-Zahlerhöhung, also etwas besseren CS_2-Ausnützung und einer eben nachweisbaren Löslichkeitserhöhung der DA-Xanthate in DMSO nach Umrechnung auf gleiche γ-Zahl, aus der auf eine geringe Vergleichmäßigung der Substituentenverteilung geschlossen werden kann. Wesentlich ausgeprägter ist dieser Effekt bei schlecht abgepreßten Alkalicellulosen mit Cellulosegehalten unter 30%, wobei die Löslichkeitszunahme des DA-Xanthats, also die Vergleichmäßigung der Substituentenverteilung nicht auf Sulfatzellstoff beschränkt bleibt, sondern beispielsweise auch bei Sulfitzellstoffen in erheblichem Maße auftrat.

Bemerkenswert erscheint die beim Vergleich verschiedenartiger Zellstoffe gefundene gute Löslichkeit von Buchen-DA-Xanthaten in DMSO, die auf eine recht gleichmäßige Substituentenverteilung — vor allem in den hier untersuchten Buchensulfitzellstoffen — hindeutet. Diese Ergebnisse sprechen zugleich für die von verschiedenen Autoren und von uns vertretene Ansicht, daß die empirisch bekannte „schlechtere Viskosierbarkeit" von Buchen- im Vergleich zu Fichtenzellstoffen wohl kaum auf chemische Faktoren bei der Xanthogenierung, sondern vielmehr auf den unterschiedlichen morphologischen Bau der Ausgangshölzer, vor allem auf die morphologische Uneinheitlichkeit des Buchenholzes, zurückzuführen ist.

Eine Deutung des Wirkungsmechanismus eines Tensidzusatzes beim Viskosieren auf den Viskosefilterwert muß u. E. davon ausgehen, daß für die Filtrationsgüte ein mengenmäßig recht geringer Anteil des eingesetzten Zellstoffs in Höhe von ~ 1‰ maßgebend ist. Eine wesentliche Änderung makroskopischer Bruttokennzahlen des Xanthogenats wie Gammawertverlauf, Substituentenverteilung oder auch Xanthogenierungsgeschwindigkeit der hochgeordneten Faserbereiche muß daher nicht in allen Fällen unbedingt Voraussetzung für eine Beeinflussung des Filterwertes sein. Unserer Auffassung nach ist die Wirkung eines Tensidzusatzes vor der Sulfidierung in erster Linie in einem gewissen Ausgleich von *Mikro*heterogenitäten des Xanthogenierverlaufes zu vermuten, wobei solche Mikroheterogenitäten einerseits durch ungleichmäßiges Alkalisieren und Abpressen der Alkalicellulose, andererseits durch ein Nebeneinanderablaufen von Gas- und Flüssigphasensulfidierung in den Alkalicelluloseflocken zustandekommen können. Daß Sulfatzellstoffe besonders stark auf einen Tensidzusatz ansprechen, mag einerseits mit ihrem geringen Gehalt an von sich aus oberflächenaktiven Extraktstoffen, andererseits mit einer — im Vergleich zu Sulfitzellstoffen — solche Mikroheterogenitäten begünstigenden übermolekularen Struktur zusammenhängen.

Fräulein *I. Laskowski* danken wir für gewissenhafte Mitarbeit.

Literatur

[1] *Schleicher, H.*, *Philipp, B.*, und *Ruscher, Ch.:* Untersuchungen zum Einfluß von Tensiden auf die chemischen Umsetzungen im Viskoseprozeß. 1. Mitt.: Untersuchungen zum Verlauf der Alkalisierung. Faserforsch. u. Textiltechnik **18** (1967) 1, S. 1—4.

[2] *Schleicher, H.*, *Jacopian, V.*, und *Schmiedeknecht, H.:* Zum Einsatz von Tensiden in der Zellstoff- und Viskoseindustrie. Zellstoff u. Papier **17** (1968) S. 53—57.

[3] *Dean, W. L.*, *Wyatt, W. R.*, und *Parks, L. R.:* Nature and site of surfactant action in viscose preparation. Svensk Papperstidn. **63** (1960) S. 570—576.

[4] *Philipp, B.*, und *Chu, Chun-hung:* Untersuchungen zur Xanthogenatgruppenverteilung im Viskoseprozeß. 1. Mitt.: Homogener und heterogener hydrolytischer Ab-

bau von Organoxanthaten. Faserforsch. u. Textiltechnik **16** (1965) 5, S. 244—249.
[5] *Philipp, B.,* und *Chu, Chun-hung:* Untersuchungen zur Xanthogenatgruppenverteilung im Viskoseprozeß. 2. Mitt.: Methodische Bemerkungen zur Kombination von Hydrolyse und Gammazahl-Fraktionierung bei Organoxanthaten. Faserforsch. u. Textiltechnik **16** (1965) 7, S. 349—352.
[6] *Philipp, B.,* und *Chu, Chun-hung:* Untersuchungen zur Xanthogenatgruppenverteilung im Viskoseprozeß. 3. Mitt.: Systematische Untersuchungen zum Einfluß einiger Viskosierparameter auf die Xanthogenatgruppenverteilung. Faserforsch. u. Textiltechnik **16** (1965) 10, S. 495—501.
[7] *Philipp, B.:* Zur Analytik von Viskoselösungen. Chem. Technik **8** (1956) S. 77—80.
[8] *Philipp, B., Lehmann, R.,* und *Schleicher, H.:* Über den Einfluß eines Celluloseabbaues auf Xanthatquellungsbild, Filterwert und Verlauf einer Emulsionsxanthogenierung. Faserforsch. u. Textiltechnik **11** (1960) 10, S. 469—481.
[9] *Avisiers, J.,* und *Hess, K.:* Über die Charakterisierung von Zellstoffen für den Viskoseprozeß durch statistische Quellstadienkurven. Holzforschung **10** (1956) S. 12—18.
[10] *Bartunek, R.:* Über die Reaktionsweise der nativen Cellulose. Cellulosechemie **22** (1944) S. 56—65.
[11] *Philipp, B., Lehmann, R.,* und *Ruscher, Ch.:* Zum Einfluß des Cellulosematerials auf den Verlauf der Alkalicellulosebildung. Faserforsch. u. Textiltechnik **10** (1959) 1, S. 22—35.
[12] *Baudisch, J., Dechant, J., van Nghi, D., Philipp, B.,* und *Ruscher, Ch.:* Untersuchungen zur Änderung der übermolekularen Struktur von Cellulose beim äthanolytischen und hydrolytischen Abbau. Faserforsch. u. Textiltechnik **19** (1968) 2, S. 62—68.
[13] *Lukanoff, T.:* unveröffentliche Versuche.
[14] *Pašteka, M.:* Über einige Probleme der Xanthogenierung der Alkalicellulose. Cellulose Chem. Technol. **1** (1967) S. 689—698.
[15] *Claus, W.,* und *Schmiedeknecht, H.:* Zur heterogenen Reaktion zwischen Natronlauge-Schwefelkohlenstoff-Zellstoff unter besonderer Berücksichtigung grenzflächenaktiver Stoffe. Teil 5: Der Netzmitteleinfluß bei der Emulsionsxanthogenierung. Faserforsch. u. Textiltechnik **17** (1966) 12, S. 571—576.

Eingegangen am 5. April 1968

Zur Methodik der Polymerisationsgradbestimmung an Cellulosenitraten.

Teil I. Viskositätsmessung, Hagenbachkorrektur

Siegfried Poller

Deutsche Akademie der Landwirtschaftswissenschaften zu Berlin, Institut für Forstwissenschaften in Eberswalde

DK 661.728.86:541.12.08:532.13.08

Es werden Überlegungen, Versuche und Berechnungen zur Methodik der Polymerisationsgradbestimmung an Cellulosenitraten angestellt. Gegenstand des vorliegenden I. Teiles der Arbeit sind die Praxis der Viskositätsmessung und die Frage der Berücksichtigung der Hagenbachkorrektur bei der Viskositätszahlbestimmung.

К методике определения степени полимеризации нитроцеллюлоз

Часть I. Измерение вязкости, поправка по Гагенбаху

Сообщены теоретические соображения, эксперименты и расчеты к методике определения степени полимеризации нитроцеллюлоз. Предметом первой части работы являются практика измерения вязкости и вопрос об учете поправки по Гагенбаху при определении характеристической вязкости.

The Methods of Determining the Degree of Polymerisation of Cellulose Nitrates.

I. Viscosimetric Measurements and Hagenbach Correction

Experimental Methods and their evaluation for determining the degree of polymerisation of cellulose nitrates are discussed. Part I covers viscosimetric techniques, taking into account the Hagenbach correction in evaluating the results obtained.

1. *Einleitung*

Bei der viskosimetrischen Polymerisationsgradbestimmung sind in einer bestimmten Reihenfolge mehrere Teilaufgaben zu lösen. Zunächst muß die Durchlaufzeit der Lösung des betreffenden makromolekularen Stoffes in einem geeigneten Kapillarviskosimeter ermittelt werden. Um aus den gemessenen Durchlaufzeiten den Polymerisationsgrad P zu erhalten, sind die anhand der folgenden Formeln skizzierten Schritte nötig:

Fließt eine Lösung mit der Dichte ϱ in t s und das reine Lösungsmittel mit der Dichte ϱ_0 in t_0 s durch das Kapillarviskosimeter, so gilt für die relative Viskosität

$$\eta_{rel} = t\varrho / t_0 \varrho_0 . \qquad (1)$$

Weil in sehr verdünnten Lösungen $\varrho/\varrho_0 = 1$ gesetzt werden kann, wird

$$\eta_{rel} = t/t_0 . \qquad (2)$$

Für die spezifische Viskosität ergibt sich dann

$$\eta_{sp} = \eta_{rel} - 1 = t/t_0 - 1 . \qquad (3)$$

Die Viskositätszahl ist gegeben durch

$$[\eta] = \lim_{\substack{c \to 0 \\ G \to x}} \eta_{sp}/c . \qquad (4)$$

Extrapoliert man zum Geschwindigkeitsgefälle $G = x =$ = Null, so erhält man die Grenzviskositätszahl (Staudingerindex [9]) $[\eta]_0$. Wird auf ein endliches konstantes Gefälle (z. B. $G = 500\ s^{-1}$) bezogen, so resultiert eine „genormte Viskositätszahl" $[\eta]_{Gk}$. Schließlich kann man eine „konventionelle Viskositätszahl" (10) $[\eta]_G$ ermitteln, worin G das Gefälle des Lösungsmittels bei gegebenen Viskosimeterdimensionen ist. Diese Bezeichnungen sind zwar nicht völlig exakt, weil genormte Viskositätszahlen auch konventionell sind und umgekehrt. Sie berücksichtigen aber in gewisser Weise, daß $[\eta]_{Gk}$ unabhängig von den Gerätedimensionen und der jeweiligen Konzentration der Lösung stets auf ein genormtes konstantes Gefälle bezogen wird, während $[\eta]_G$ lediglich durch eine Übereinkunft hinsichtlich der Viskosimeterdimensionen festgelegt wird.

Der Zusammenhang der eventuell noch auf einheitlichen Stickstoffgehalt der Cellulosenitrate korrigierten Viskositätszahlen mit dem Polymerisationsgrad P wird hergestellt durch

$$[\eta]_{\substack{c=0\\G=x}} = f(P). \quad (5)$$

In der Literatur gibt es über einzelne oder mehrere der genannten Teilaufgaben bereits einige gute Darstellungen. An dieser Stelle seien die Arbeiten von *Immergut* und *Eirich* [2], *Lang* [4], *Lindsley* [5], *Marx* und *Schulz* [6], *Marx-Figini* und *Schulz* [7], *Meyerhoff* [8], *Treiber* und *Abrahamson* [13] erwähnt. Die weite Verbreitung des Verfahrens rechtfertigt jedoch eine zusammenfassende Behandlung des Stoffes zur Genüge, zumal sich immer wieder neue Gesichtspunkte ergeben, die zu einer Verbesserung der Methode beitragen können.

In der vorliegenden Arbeit sollen die methodologischen Probleme der viskosimetrischen P-Bestimmung an Cellulosenitraten unter Berücksichtigung der in unserem Labor gewonnenen Erfahrungen behandelt werden. Dementsprechend befassen wir uns in dieser und in einer weiteren Veröffentlichung zunächst mit der Wahl der Viskosimeter sowie mit der Viskositätsmessung selbst; sodann in der angegebenen Reihenfolge mit den Problemen der *Hagenbach*korrektur, des Geschwindigkeitsgefälles, des Konzentrationseinflusses und des Substitutionsgrades der Cellulosenitrate. Anschließend behandeln wir die Frage der Eichung des Verfahrens mit Absolutmethoden der Bestimmung der rel. Molekülmasse. Zum Schluß wird eine Fehlerabschätzung der viskosimetrischen P-Bestimmung gegeben.

2. *Viskositätsbestimmungen*

2.1. *Wahl der Viskosimeter*

Über die zweckmäßige Dimensionierung der bei der Viskosimetrie strukturviskoser Lösungen zu verwendenden Viskosimeter gibt es verschiedene Ansichten. Aus dem Normvorschlag von *Schulz* und *Cantow* [10] ist ersichtlich, daß in dem Bestreben, bei kleinen Gradienten zu messen, die Kapillardurchmesser d_K besonders für die weniger viskosen Lösungsmittel ziemlich eng (ca. 0,3 mm) gewählt werden mußten. Ebenso bedingt eine Vernachlässigung der *Hagenbach*korrektur die Verwendung von sehr dünnen und auch möglichst langen Kapillaren, die sich aber recht unbequem handhaben lassen. So können schon winzige Fäserchen deutliche Fehler verursachen. Daher werden oft auch weitere Kapillaren verwendet (z. B. [1, 4, 11]). *Schurz* [11] vertritt die auch durch unsere Erfahrungen zu bestätigende Auffassung, „daß es sich als günstiger erwiesen hat, die Viskosimeter so zu dimensionieren, daß man bequem arbeiten kann, und die *Hagenbach/Couette*-Korrektur empirisch zu bestimmen". Die Berücksichtigung der *Hagenbach*korrektur ist — sofern sie für die Zwecke der P-Bestimmung überhaupt notwendig sein sollte — kein schwerwiegender Nachteil, da sie praktisch für jedes Viskosimeter nur einmal bestimmt werden muß.

Wir haben in unserem Labor die Viskositätsmessungen anfangs in Viskosimetern entsprechend dem Normvorschlag von *Schulz* und *Cantow* durchgeführt. Später wurden *Ubbelohde*-Viskosimeter Oa der Fa. Schott und Gen., Jena, verwendet. Diese Geräte sind zur Bestimmung einer konventionellen Viskositätszahl besonders geeignet, weil die Kapillare ($d_K \sim 0{,}5$ mm) nach einem Präzisionsverfahren mit sehr guter Reproduzierbarkeit hergestellt wird, wodurch die in verschiedenen Laboratorien gemessenen Werte unmittelbar vergleichbar werden. Zu beachten ist jedoch, daß für die zu bestimmende Viskositätszahl $[\eta]$ eine geeignete Eichbeziehung $[\eta] = f(P)$ vorhanden ist.

Zu vergleichenden Betrachtungen benutzten wir für die Zwecke der vorliegenden Arbeit je ein Viskosimeter nach dem Normvorschlag von *Schulz* und *Cantow* (Gerät A) und ein *Ubbelohde*-Viskosimeter Oa (Gerät B). Der Bestimmung von Viskositätszahlen beim Gefälle 0 diente ein in Anlehnung an *Schurz* und *Immergut* [12] gebautes Strukturviskosimeter D. Zur genaueren Kennzeichnung der Viskosimeter und für spätere Rechnungen wurden die Apparatedimensionen ermittelt (Tabelle 1). Auf die Angabe der Werte für die verschiedenen Ausflußhöhen beim Strukturviskosimeter wurde verzichtet. Aus Tabelle 1 ist zu entnehmen, daß in den Geräten A und D1 für das reine Lösungsmittel ein nach

Tabelle 1. Apparatedimensionen

Apparat	l [cm]	h_m [cm]	r [cm]	v [cm³]	t_0 [s]	G [s⁻¹]
A	5,00	6,36	0,01630	0,921	135	1340
B	9,00	12,71	0,02684	5,64	87	2850
$D1$*	9,12	10,06	0,01556	0,857	145	1330

* Viskosimeter D, h_m = 10,06 cm

Es bedeuten:
l = Kapillarlänge
h_m = mittlere Druckhöhe nach [12]
r = Kapillarradius
v = ausfließendes Volumen
t_0 = Ausflußzeit des Lösungsmittels
G = durchschnittliches Geschwindigkeitsgefälle nach [3]

$$G = \frac{8v}{3\pi r^3 t} \quad (6)$$

berechnetes durchschnittliches Geschwindigkeitsgefälle [3] von ca. 1300 s^{-1} und im Viskosimeter B ein G von etwa 2800 s^{-1} resultierte. Bei den oberen Ausflußhöhen des Strukturviskosimeters stieg G auf fast 500 s^{-1}.

2.2. *Durchführung der Viskositätsmessungen*

Die vorbereitete Lösung wird durch eine G3-Glasfilternutsche unter Anwendung von Druckluft filtriert und dann ins Viskosimeter eingefüllt. Die Lösung kann auch unmittelbar durch eine kleine eingeschmolzene G3-Fritte ins Viskosimeter gedrückt werden. Nach einer Wartezeit von ca. 5 min zur Erreichung des Temperaturausgleiches werden hintereinander 3 . . . 5 . . . 7 Durchlaufzeiten ermittelt. Der höchste und der niedrigste Wert werden, falls nicht alle Zahlen dicht beieinander liegen, gestrichen. Die restlichen Zahlen ergeben einen Durchschnittswert, der für die weiteren Rechnungen benutzt wird.

Beim Strukturviskosimeter wird die Flüssigkeit mittels Gasdruck (das Gas wird zum Abfangen von Staubpartikeln durch eine vorgeschaltete G2-Frittenplatte geleitet) hochgedrückt und nach Stattfinden des Druckausgleiches die Ausflußzeit von Marke zu Marke mit zwei synchronen Stoppuhren gemessen

Als Lösungsmittel wird Aceton p. a. oder Aceton reinst verwendet. Schwach differierende Durchlaufzeiten für reines Aceton erklären sich aus der schwankenden Qualität des Lösungsmittels. Die Meßtemperatur beträgt 20,0 °C ± ± 0,05 grd. Konzentrationsreihen werden stets durch Verdünnen einer Stammlösung, nicht aber durch separate Einwaagen gewonnen.

Zur Zeitmessung dienen aufeinander abgestimmte Stoppuhren, die bei 1 h Laufzeit eine Abweichung von etwa 5 s zeigen dürfen. Vorteilhaft ist die Verwendung einer Uhr mit Zehntelsekundenteilung.

3. *Berücksichtigung der Hagenbachkorrektur bei der Viskositätszahlbestimmung*

Die *Hagenbach*korrektur berücksichtigt die scheinbare Viskositätserhöhung, die durch Umwandlung eines Teiles der potentiellen Energie in kinetische Energie hervorgerufen wird. Sie erscheint als Subtraktionsglied mit dem Korrekturfaktor m in der *Hagen/Poiseuille*schen Gleichung. Es gilt:

$$\eta_H = \eta - H\eta \tag{7}$$

und

$$H\eta = \frac{m\varrho v}{8\pi l t}. \tag{8}$$

In diesen Formeln ist η_H die nach *Hagenbach* korrigierte dynamische Viskosität und H_η die *Hagenbach*korrektur der dynamischen Viskosität. Da bei Messungen im Kapillarviskosimeter primär stets Durchlaufzeiten (t bzw. t_0) bestimmt werden, ist es zweckmäßig, die *Hagenbach*korrektur unmittelbar an t bzw. t_0 anzubringen. Diese *Hagenbach*korrekturen der Durchlaufzeiten werden im folgenden mit den Symbolen H (Lösung) und H_0 (Lösungsmittel) bezeichnet.

3.1. *Theoretische Überlegungen*

Wir stellen folgende Frage: Ist eine Berücksichtigung der *Hagenbach*korrektur bei der Ermittlung von Polymerisationsgraden aus konventionellen Viskositätszahlen überhaupt notwendig?

Die von uns bei der P-Berechnung verwendete Eichkurve (vgl. Teil II dieser Arbeit) gibt den Zusammenhang zwischen dem Gewichtsmittel des Polymerisationsgrades P_w und den nicht nach *Hagenbach* korrigierten konventionellen Viskositätszahlen $[\eta]_G$, die mit einem Viskosimeter bestimmt wurden, das für reines Aceton ein G von ca. 1200 bis 1300 s^{-1} aufwies. Dies entspricht den mit unseren Viskosimetern A und D1 gemessenen Werten. Unter diesen Bedingungen ist die *Hagenbach*korrektur vernachlässigbar klein. Die Frage betrifft daher nur die $[\eta]_{2800}$-Werte des Viskosimeters B, über deren Anschluß an die oben genannte Eichkurve ebenfalls in Teil II dieser Arbeit berichtet wird.

Grundsätzlich kann erwartet werden, daß die Vernachlässigung der *Hagenbach*korrektur möglich sein wird, wenn ein eindeutiger Zusammenhang zwischen den unkorrigierten und den korrigierten Viskositätszahlen, $[\eta]_{2800}$ und $[\eta]_{2800H}$, besteht. Zur Prüfung dieser Frage werden folgende Überlegungen angestellt:

Bei der Extrapolation der nach *Hagenbach* korrigierten und der nichtkorrigierten η_{sp}/c-Werte über c nach $c = 0$ findet man zwei Geraden, deren Abstand in jedem Punkt $\Delta(\eta_{sp}/c)$ ist. Die Gerade der korrigierten Werte wird höher liegen, weil gilt:

$$\eta_{spH} = \frac{t - H}{t_0 - H_0} - 1 \quad \text{und} \quad H_0 > H. \tag{9}$$

Sowohl η_{sp} als auch η_{spH} wird mit kleiner werdendem c nach Null gehen, denn es gilt dann $t = t_0$ und $H = H_0$. Demzufolge wird auch die Differenz der spez. Viskositäten

$$\Delta\eta_{sp} = \eta_{spH} - \eta_{sp} = \eta_{relH} - \eta_{rel} = \frac{t_H}{t_{0H}} - \frac{t}{t_0} \tag{10}$$

bei $c = 0$ Null werden. Bei der Extrapolation von η_{sp} zur Konzentration Null verschwindet also der Einfluß der *Hagenbach*korrektur.

Anders ist es bei der Größe η_{sp}/c. Macht man von η_{sp} rein formal einen Potenzreihenansatz ($\eta_{sp} = A \cdot c + B \cdot c^2 \ldots$) und dividiert durch c, so gilt mit $A = [\eta]$ und $B = k'[\eta]^2$:

$$\eta_{sp}/c = [\eta] + k'[\eta]^2 c + \ldots \tag{11}$$

Tabelle 2. Hagenbachkorrekturen

Viskosimeter	t_0 [s]	H_0 [s]	H_0 in % von t_0
A	135	0,87	0,64
B	87	3,44	3,95
*D*1*	145	0,53	0,37
*D*12**	23	0,24	1,04

* Viskosimeter D, $h_m = 10{,}06$ cm
** Viskosimeter D, $h_m = 47{,}72$ cm

Daraus folgt das allgemein bekannte Ergebnis, wonach bei der Extrapolation der η_{sp}/c-Werte nach $c = 0$ der endliche Wert $[\eta]$ resultiert. Es interessiert nun die Frage, ob

$$\Delta(\eta_{sp}/c) = \Delta\eta_{sp}/c = (\eta_{relH} - \eta_{rel})/c \tag{12}$$

von der Konzentration und von der rel. Molekülmasse abhängt.

In der Gleichung

$$t_H = t - H \tag{13}$$

wird H wegen Formel (14) kleiner, wenn t wächst. Daher nähert sich t_H dem Wert von t, wenn t ansteigt. Weil t_{0H} und t_0 konstant bleiben, folgt aus Gl. (10): Höhere Durchlaufzeiten vergrößern $\Delta\eta_{sp}$ und damit auch $\Delta(\eta_{sp}/c)$. Höhere Durchlaufzeiten bei gleicher Konzentration bedeuten eine höhere rel. Molekülmasse des gemessenen Präparates. Das heißt: Der Einfluß der *Hagenbach*korrektur auf η_{sp}/c wächst mit steigender rel. Molekülmasse M. Da bei konstantem M t und damit $\Delta\eta_{sp}$ kleiner wird, wenn c abnimmt, so wird für die Größe von $\Delta(\eta_{sp}/c)$ ausschlaggebend sein, in welchem Verhältnis $\Delta\eta_{sp}$ und c kleiner werden. Nimmt c schneller ab als $\Delta\eta_{sp}$, so wird $\Delta(\eta_{sp}/c)$ anwachsen und umgekehrt.

Diese Frage muß experimentell entschieden werden. Dazu wurden Viskositätsmessungen an Fraktionen und polymolekularen Nitrocellulose-Proben durchgeführt, die η_{sp}/c-Werte mit und ohne *Hagenbach*korrektur berechnet und miteinander verglichen.

Die *Hagenbach*korrekturen wurden aus den Viskosimeterdimensionen

$$\text{nach} \quad H = K_1/Kt \tag{14}$$

$$\text{mit} \quad K = \frac{\pi r^4 g h_m}{8 l v} \tag{15}$$

$$\text{und} \quad K_1 = \frac{m v}{8\pi l} \tag{16}$$

berechnet.

Tabelle 2 zeigt H_0 für die angenäherten Durchlaufzeiten des reinen Lösungsmittels. Da die t_0-Werte die jeweils niedrigsten Durchlaufzeiten im betreffenden Viskosimeter sind, handelt es sich bei den H_0-Werten um Maximalkorrekturen. Diese sind in den Fällen A und D1 vernachlässigbar klein. Bei dem Gerät B beträgt die Maximalkorrektur etwa 4% der Durchlaufzeit. Beim Strukturviskosimeter steigen die prozentualen *Hagenbach*korrekturen mit zunehmender Ausflußhöhe (d. h. mit zunehmendem G) von etwa 0,4% der Durchlaufzeit des Lösungsmittels auf ca. 1% an.

3.2. *Untersuchung des Zusammenhanges zwischen korrigierten und nichtkorrigierten Viskositätszahlen*

Unsere Ergebnisse (Bild 1) zeigen, daß $\Delta(\eta_{sp}/c)$ und damit der Einfluß der *Hagenbach*korrektur mit der

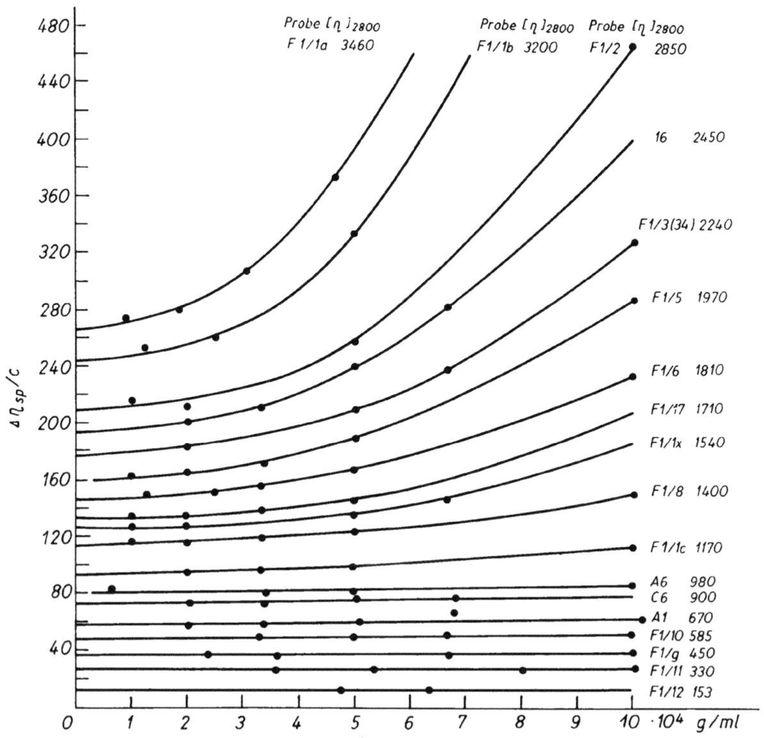

Bild 1. Abhängigkeit der Differenz $\Delta\eta_{sp}/c = (\eta_{spH} - \eta_{sp})/c$ von der Konzentration und von der rel. Molekülmasse (Viskositätszahl)

Konzentration und der rel. Molekülmasse zunimmt. Die Zunahme ist um so stärker, je höher Konzentration und Molekulargewicht sind. Der Befund von *Lang* [4], wonach die *Hagenbach*korrektur nicht von der Konzentration abhängig ist, ist darauf zurückzuführen, daß nur Proben mit relativ kleinen rel. Molekülmassen untersucht wurden.

Etwa die Hälfte der zum Vergleich herangezogenen korrigierten und unkorrigierten Viskositätszahlen ist in Tabelle 3 zusammengestellt. Die Differenz $\Delta[\eta]_2 = [\eta]_{2800H} - [\eta]_{2800}$ nimmt mit steigender rel. Molekülmasse zu. Trägt man die korrigierten und nichtkorrigierten Werte gegeneinander auf, so resultiert die in Bild 2 dargestellte Gerade. Sie gehorcht der Gleichung:

$$[\eta]_{2800} = 0{,}933\,[\eta]_{2800H} \qquad (17)$$

bzw.

$$[\eta]_{2800H} = 1{,}072\,[\eta]_{2800}. \qquad (18)$$

Zwischen $[\eta]_{2800}$ und $[\eta]_{2800H}$ besteht einfache Proportionalität. Die Polymerisationsgrade können also ebensogut zu den unkorrigierten konventionellen Viskositätszahlen in Beziehung gesetzt werden.

Ergänzend soll hinzugefügt werden, daß bei Strukturviskosimetern mit den von uns gewählten Abmessungen eine Vernachlässigung der *Hagenbach*korrektur aus folgenden Gründen gestattet ist:

1. Die *Hagenbach*korrekturen liegen bei den besonders interessierenden Werten, die bei niedrigen Ausflußhöhen gemessen werden, deutlich unterhalb von 1% und treten daher bei der Viskositätszahlberechnung zurück.
2. Bei der Bestimmung von $[\eta]_0$ ist eine Berücksichtigung der *Hagenbach*korrektur ohnehin nicht notwendig, weil eine Extrapolation zum Gefälle Null nach Gl. (6) gleichbedeutend mit einer Extrapolation nach $t \to \infty$ ist. Aus Gl. (8) folgt, daß dabei auch H_η nach Null gehen muß. Dies wird an dem in Bild 3 gezeigten Beispiel demonstriert und bestätigt.

Tabelle 3. Vergleich zwischen $[\eta]_{2800H}$ und $[\eta]_{2800}$

Lfd. Nr.	Probe	$[\eta]_{2800H}$	$[\eta]_{2800}$	$\Delta[\eta]_2$
1	F1/12	165	153	12
2	Ac6*	224	207	17
3	Viskoseseide*	272	252	20
4	Ac1*	570	540	30
5	F1/10	630	585	45
6	A1	730	670	60
7	A7	750	700	50
8	C6	970	900	70
9	A6	1060	980	80
10	C5	1200	1110	90
11	A3	1200	1110	90
12	F1/8b	1260	1170	90
13	A2	1490	1380	110
14	F1/8	1510	1400	110
15	F1/7	1750	1620	130
16	C1	2100	1960	140
17	G1*	2350	2190	160
18	F1/3	2400	2240	160
19	D1	2530	2350	180
20	F1/2	3050	2850	200
21	F2/2	3140	2920	220
22	F2/1	3230	2980	250

* polymolekular

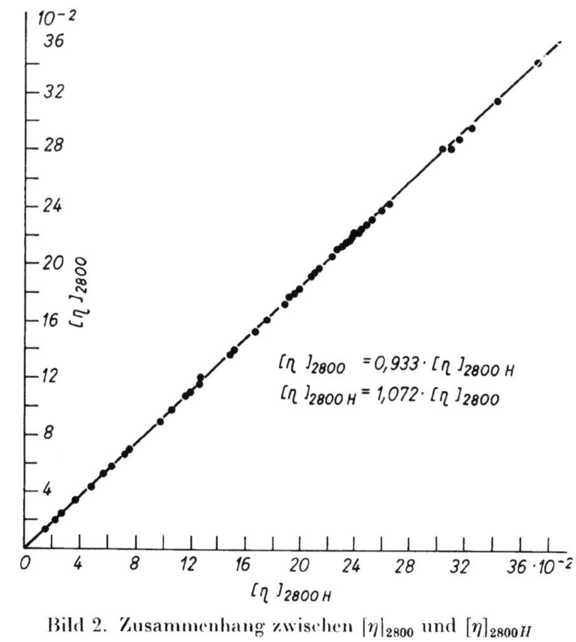

Bild 2. Zusammenhang zwischen $[\eta]_{2800}$ und $[\eta]_{2800H}$

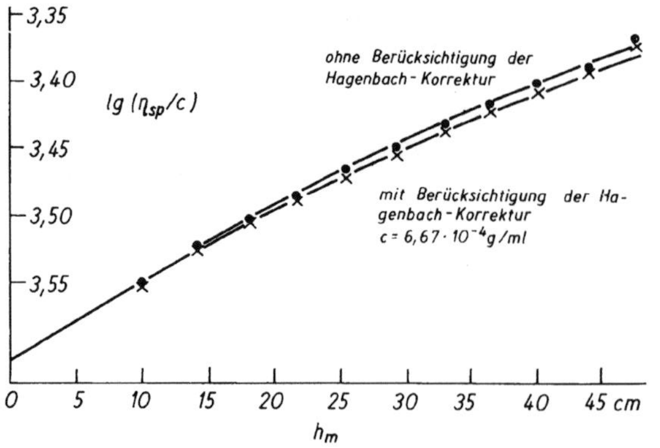

Bild 3. Extrapolation zum Gefälle Null (Probe F1/7a)

4. *Zusammenfassung*

In der vorliegenden Arbeit wurden Probleme der viskosimetrischen *P*-Bestimmung behandelt.

Zunächst wurden Betrachtungen über die Wahl zweckmäßiger Viskosimeterdimensionen angestellt, wobei dem *Ubbelohde*-Viskosimeter Oa der Fa. Schott u. Gen., Jena, der Vorzug gegeben wurde. Das Gerät ermöglicht die Bestimmung einer konventionellen Viskositätszahl $[\eta]_{2800}$, wobei das Geschwindigkeitsgefälle des reinen Lösungsmittels ca. 2800 s^{-1} beträgt. Es wurde die praktische Durchführung von Viskositätsmessungen beschrieben.

Theoretische Überlegungen und Experimente zeigten, daß der Einfluß der *Hagenbach*korrektur *H* auf η_{sp}/c mit der Konzentration und der rel. Molekülmasse zunimmt. Bei der Bestimmung von $[\eta]_{1200-1300}$ ist *H* im Gegensatz zur Ermittlung von $[\eta]_{2800}$ vernachlässigbar klein. Zwischen den nach *Hagenbach* korrigierten und den nicht korrigierten Viskositätszahlen besteht jedoch der Zusammenhang $[\eta]_{2800H} = 1{,}072\ [\eta]_{2800}$. Die Polymerisationsgrade können daher prinzipiell sowohl zu den korrigierten als auch zu den unkorrigierten Werten in Beziehung gesetzt werden. Die Vernachlässigung von *H* ist damit auch bei der Bestimmung von $[\eta]_{2800}$ gestattet.

Bei der Extrapolation von mit dem Kapillar-Strukturviskosimeter gemessenen Werten zum Geschwindigkeitsgefälle Null geht auch *H* nach Null.

5. *Literatur*

[1] *Frömbling, K.*, und *Patat, F.*: Über extrem große Makromoleküle. I. Die Charakterisierung von Dextranen. Makromol. Chemie **25** (1957) S. 41—52.

[2] *Immergut, E. H.*, und *Eirich, F. R.*: Intrinsic viscosities and molecular weights of cellulose and cellulose derivatives. Ind. engng. Chem. **45** (1953) S. 2500—2510.

[3] *Kroepelin, H.*: Über osmotische Versuche und Zähigkeitsmessungen an Kautschuklösungen. Kolloid-Z. **47** (1929) S. 294—304.

[4] *Lang, W.*: Beitrag zur Bestimmung des DP-Grades von Nitrocellulosen mit Hilfe viskosimetrischer Messungen. Svensk Papperstidn. **59** (1956) S. 819—828; **60** (1957) S. 233—242.

[5] *Lindsley, Ch. H.*: Intrinsic viscosity of nitrocellulose. J. Polymer Sci. **7** (1951) S. 635—652.

[6] *Marx, M.*, und *Schulz, G. V.*: Methodisches zur Bestimmung der Viskositätszahl (Staudingerindex) von Cellulosen und Cellulosenitraten. Makromol. Chemie **31** (1959) S. 140—153.

[7] *Marx-Figini, M.*, und *Schulz, G. V.*: Die viskosimetrische Molekulargewichtsbestimmung von Cellulosen und Cellulosenitraten unter Standardbedingungen. Makromol. Chemie **54** (1962) S. 102—118.

[8] *Meyerhoff, G.*: Die viskosimetrische Molekulargewichtsbestimmung von Polymeren. Fortschr. Hochpolymeren-Forsch. **3** (1961) S. 59—105.

[9] Nomenklaturkommission, Richtlinien für die Nomenklatur auf dem Gebiet der makromolekularen Stoffe. Makromol. Chemie **38** (1960) S. 1—12.

[10] *Schulz, G. V.*, und *Cantow, H. J.*: Vorschlag zur Unterscheidung der 2 Größen „Grenzviskositätszahl" und „konventionelle Viskositätszahl". Makromol. Chemie **13** (1954) S. 71—75.

[11] *Schurz, J.*: Die Hagenbach-Couette-Korrektur für die spezifische Viskosität. Kolloid-Z. **137** (1954) S. 103—105.

[12] *Schurz, J.*, und *Immergut, E. H.*: Instrument for determining shear dependence of intrinsic viscosity of high polymer solutions. J. Polymer Sci. **9** (1952) S. 279—281.

[13] *Treiber, E.* und *Abrahamson, B.*: Gesichtspunkte zur viskosimetrischen DP-Bestimmung. Holzforsch. **13** (1959) S. 161—177.

Eingegangen am 9. Februar 1968

Elektronenmikroskopische Untersuchungen an Oberflächen von Celluloseregeneratfäden

Teil III: Wirkung von Viskosemodifikatoren auf die Deckschichtbildung – analytischer und lichtmikroskopischer Nachweis [1])

Klaus Peter Rose, Anneliese Gröbe und Reinhard Maron

Deutsche Akademie der Wissenschaften zu Berlin, Institut für Faserstoff-Forschung in Teltow-Seehof

DK 677.463:677.46.021.525/.526:677.46.061.39:537.533.35.08

Es werden die Spinnbedingungen beschrieben, unter denen Fäden aus modifizierten Viskosen ersponnen wurden. An den Fäden durchgeführte analytische und lichtmikroskopische Untersuchungen charakterisieren die Modifikatorwirkung.

Изучение поверхности гидратцеллюлозных волокон методом электронной микроскопии

Часть III. Действие модификаторов вискозы на образование покровного слоя — доказательство действия при применении химических и микроскопических методов

Описаны условия формования волокна из модифицированных вискоз. Действие модификатора охарактеризовано путем химического анализа полученных волокон и их исследования под микроскопом.

Electron Microscopic Studies of the Surface of Rayon Fibres

Part III. Effects of Modifiers on the Formation of a Covering Layer as determined by Analytical Methods and Optical Microscopy

The conditions applied in spinning filaments from modified viscose are described. The effects of modifiers are determined by analytical methods and optical microscopy.

[1]) Teil II s. [2]

Mit der im Teil I [1] beschriebenen Präparationsmethode zur Gewinnung von Repliken feuchter Fäden konnten wir zeigen, daß beim Spinnen von Viskose in ein Spinnbad mit $ZnSO_4$ kurzzeitig eine Deckschicht gebildet wird. Nachdem im Teil II [2] durch Elektronenbeugung nachgewiesen wurde, daß diese Deckschicht zum Zeitpunkt der Präparation aus kubischem Zinksulfid besteht, sollen die Bedingungen beim Spinnen modifizierter Viskosen sowie die Resultate beschrieben werden, die beim Nachweis der Modifikatorwirkung mit analytischen und lichtmikroskopischen Methoden erhalten werden.

Als wir unsere Untersuchungen begannen, lag zum Problem der Deckschichtbildung und ihrer Beeinflussung durch Modifikatoren nur wenig experimentelles Material vor, das sich im wesentlichen auf Modellversuche stützte. *Klare* [3] und *Götze* [4] hatten als erste die Vermutung geäußert, daß anorganische Reaktionsprodukte, wie ZnS, die „Poren" der von *Kassenbeck* [5] sowie *Klare* u. Mitarb. [3, 6, 7] elektronenmikroskopisch nachgewiesenen Kutikula verstopfen können. *Götze* und *Strach* [8] sowie *Götze* und *Rauch* [9] gelangten nach Modellversuchen mit 10 mm dicken „Viskosefäden" und unter Berücksichtigung der pH-Wert-Skala in diesen Modellen zu der Auffassung, daß sich in einer schmalen Übergangszone zwischen peripherer Hydratcellulose und unzersetztem Xanthogenatgel Zinkcellulosexanthogenat, Zinktrithiocarbonat und Zinksulfid bilden können. Die Modifikatoren sollen diese für die Bremsung der *H*-Ionen verantwortlichen Fällungsprodukte stabilisieren.

Murakami [10] bestimmte den pH-Wert, bei dem sich kolloide Fällungen von Zinkdithiocarbaminat, Zinkcellulosexanthogenat, Zinktrithiocarbonat und Zinksulfid aufzulösen beginnen, und nannte ihn „Bildungs-pH-Wert". In Gegenwart von Polyäthylenglykol gefälltes ZnS bzw. $ZnCS_3$ besaß einen niedrigeren Bildungs-pH-Wert. Diese Stabilitätszunahme führt der Autor auf die Bildung beständiger Chelatverbindungen zurück. Nach seiner Ansicht bilden sich auf der Fadenoberfläche $ZnCS_3$- und ZnS-Modifikator-Kolloide, welche die Diffusion der Spinnbadbestandteile verzögern.

Experimentell einen Schritt weiter gingen *Philipp* und *Müller* [11, 12] sowie später *Ševčenko* [13, 14] und *van de Ven* [15]. Diese Autoren bemühten sich, durch Modellversuche mit einer fertig vorliegenden Regeneratcellulosemembran die von *Klare* und *Götze* angenommene Bildung anorganischer Reaktionsprodukte und gegebenenfalls eine Diffusionshemmung nachzuweisen.

Philipp und *Müller* gingen dabei so vor, daß sie eine zinksulfathaltige Schwefelsäure als Außenlösung gegen eine Innenlösung diffundieren ließen, die neben 0,5 n Natronlauge verschiedene Viskosenebenprodukte und Modifikatoren enthielt, also eine „cellulosefreie Viskose" darstellte. Neutralisation und Zinkionendiffusion wurden durch potentiometrische bzw. komplexometrische Titration verfolgt. Mit Hilfe dieser Modellvorrichtung wurde die Bildung einer neutralisationsverzögernden Deckschicht aus Zinkdithiocarbaminat auf der Membran nachgewiesen. Bei Anwesenheit von Sulfid und Trithiocarbonat in der Innenlösung verhinderte eine Deckschicht aus Zinktrithiocarbonat und Zinksulfid bereits bei Abwesenheit eines Modifikators jegliches Eindiffundieren der Zinkionen. *Philipp* und *Müller* konnten außerdem nachweisen, daß die Säurebeständigkeit von $ZnCS_3$-Fällungen und $ZnS/ZnCS_3$-Mischfällungen durch die Anwesenheit von Modifikatoren während der Fällung merklich erhöht wird.

Die Übertragung der bei den Modellversuchen erhaltenen Ergebnisse auf den Spinnprozeß ist nicht ohne Einschränkungen möglich. So fehlt dem System das Cellulosexanthogenat. Die verwendete, fertig vorliegende Membran aus Regeneratcellulose ist hinsichtlich ihrer Dimensionen und Entstehungsbedingungen nicht mit der Kutikula des Fadens vergleichbar. Es konnte auch nicht in jedem Fall ein Zusammenhang zwischen Stabilisierungswirkung und Neutralisationsverzögerung gefunden werden, d. h. Systeme, bei denen im Modellversuch eine Stabilisierung der Mischfällung Zinktrithiocarbonat/Zinksulfid durch den Modifikator zu beobachten war, zeigten im Spinnversuch nicht immer die für den Modifikator zu erwartende Neutralisationsverzögerung [7]. Trotz dieser Vorbehalte sind die Ergebnisse der Modellversuche sehr aufschlußreich.

Zum Problem der Deckschichtbildung am Faden selbst ist nur eine Publikation von *Obuchi*, *Tsuneda* und *Maeda* [16] bekannt geworden. Die Verfasser versuchten, mit Hilfe des Lichtmikroskops direkt am Faden eine Deckschichtbildung zu verfolgen. Dabei beobachteten sie an Fadenquerschnitten, daß kurz nach dem Austritt aus der Düse Ablagerungen auf der Fadenoberfläche auftreten, die mit zunehmender Verweilzeit der Fäden im Spinnbad verschwinden. Ein Modifikatorzusatz zur Viskose stabilisiert diese Ablagerungen und erhöhte Konzentrationen an Natriumtrithiocarbonat in der Viskose und an Zinksulfat im Spinnbad verstärken die Deckschichtbildung. Aus ihren analytischen Untersuchungen leiten die Autoren ab, daß

Tabelle 1. Zusammenstellung der Spinnbedingungen

Versuch Nr.	Viskose: Zusammensetzung Cell. [%]	NaOH [%]	CS_2 [%]	Modifikatorgehalt [g/l]	Reife [°H]	Spinnbad: Zusammensetzung H_2SO_4 [g/l]	Na_2SO_4 [g/l]	$ZnSO_4$ [g/l]	Temperatur [°C]	Badstrecke bei Probenahme [mm] (Düse: 18/80 μm)
1	8,37	5,78	47	—	22,0	54,9	152,0	56,1	57	40, 80, 120, 250, 500, 750, 1 000
2	8,49	5,86	47	2,5 Oxidwachs AN	23,0	53,9	152,8	56,1	53	80, 120, 250, 500, 750, 1 000
3	8,33	5,87	47	5,5 Berol L 603	22,0	54,9	153,9	56,3	53	400, 600, 675, 750, 875, 1 000, 1 200, 1 400
4	8,23	6,05	47	1,3 Polyglykol 1 500 + 2,0 Leomin AC 80	20,0	54,4	156,9	57,2	57	500, 600, 700, 850, 1 000, 1 200

es sich bei den Ablagerungen um $ZnCS_3$ und ZnS handelt, vorzugsweise jedoch um das letztere. Das vergleichsweise geringe Auflösungsvermögen des Lichtmikroskops schränkt die Aussagekraft der Ergebnisse von *Obuchi* ein und läßt insbesondere aus den Aufnahmen von Fadenquerschnitten keine Aussagen über die Morphologie der Deckschicht und ihr Verhalten während der Fadenbildung zu.

Mit der in [1] erwähnten einstelligen Laborspinnapparatur führten wir weitere Spinnversuche mit modifizierten Viskosen durch, um den Einfluß verschiedener Modifikatoren auf die Morphologie und die Beständigkeit der Deckschicht zu prüfen. Für diese Spinnversuche sind in Tabelle 1 die Angaben zur Zusammensetzung der Viskose und des Spinnbads zusammengestellt. Außerdem sind die Düsenabstände angeführt, an denen Fadenproben für die elektronenmikroskopische Untersuchung und eine analytische Charakterisierung entnommen wurden.

Zur Untersuchung des Modifikatoreinflusses wurden vier Substanzen eingesetzt.

Oxidwachs AN ist ein Polyäthylenoxid vom MG 1200 (Hersteller: VEB Chemische Werke Buna). *Berol L 603*, eine Mischung von Polyaminen, kam als erstes Polyamin auf den Markt. Es ist zwar kein guter Modifikator und großtechnisch ohne Bedeutung, aber auf Grund der extremen Neutralisationsverzögerung bei seiner Verwendung wurde es bereits bei früheren Untersuchungen herangezogen (Hersteller: Berol AB Göteborg). *Polyglykol 1500*, ebenfalls ein Polyäthylenoxid (MG 1500), wird im Gemisch mit Leomin AC 80 bzw. Genamin C 150 gegenwärtig bei der Produktion von Supercord eingesetzt (Hersteller: Farbwerke Hoechst AG). *Leomin AC 80* stellt ein Kokosfettamin dar, das mit 20 Mol Äthylenoxid kondensiert wurde; es enthält außerdem etwa 20% Polyäthylenoxid vom MG 600 (Hersteller: Farbwerke Hoechst AG).

Zum Nachweis der Modifikatorwirkung wurden von uns analytische und lichtmikroskopische Methoden herangezogen. Im einzelnen untersuchten wir beim Spinnen der unterschiedlich modifizierten Viskosen den Neutralisationsverlauf des Alkalis im Faden, den Xanthogenatabbau, die Entquellung und die Querschnittsform sowie -anfärbbarkeit derFäden.

Die Bestimmung des Restxanthogenatgehaltes im Faden (γ-Wert) erfolgte nach der gasanalytischen Methode [17]. Der Cellulosexanthogenatabbau der Fäden in Abhängigkeit von der Verweilzeit im Spinnbad ist im Bild 1 dargestellt. Beim Vergleich des Xanthogenatabbaus der Fäden aus modifizierter Viskose (Kurven 2 bis 4) und aus unmodifizierter Viskose (Kurve 1) wird die bekannte Verzögerung dieses Abbaus durch die Modifikatoren deutlich. Dabei ist eine Abstufung in der Wirksamkeit der einzelnen Modifizierungsmittel zu erkennen. Während der Einfluß von „Oxidwachs AN"

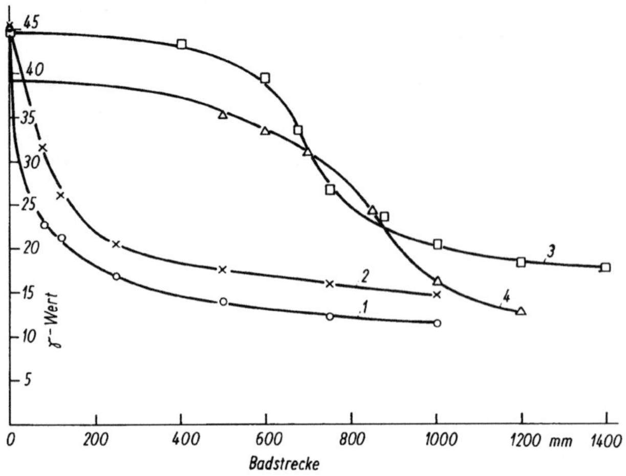

Bild 1. Cellulosexanthogenatabbau der Fäden

zwar deutlich, aber relativ gering ist, verlangsamen das Polyamin „Berol L 603" sowie das Gemisch der Modifikatoren „Polyglykol 1500"/„Leomin AC 80" den Abbau des Cellulosexanthogenats erheblich und in etwa gleichem Ausmaß.

Im Bild 2 ist der zusammen mit der gasanalytischen Gammawertbestimmung ermittelte Sulfidgehalt der Fadenproben über der Zeit aufgetragen. Aus der Darstellung soll ersichtlich sein, in welchem Maße die verschiedenen Modifikatoren das Zinksulfid des Fadens in seiner Beständigkeit gegenüber dem Spinnbad beeinflussen. Der Sulfidgehalt der Fäden nimmt erwartungsgemäß mit zunehmender Badstrecke ab. Die Beständigkeit des Zinksulfids wird durch die Anwesenheit der Modifikatoren grundsätzlich erhöht. Die Wirksamkeit der einzelnen Modifikatoren ist aber, wie beim Xanthogenatabbau, unterschiedlich: „Berol L 603" und das Modifikatorgemisch stabilisieren das Zinksulfid des Fadens erheblich, „Oxidwachs AN" zeigt nur einen geringen Einfluß.

Schmiedeknecht und *Klare* [18] fanden bei der Untersuchung der Gelquellung, d. h. der Quellung teilweise regenerierter Fäden, deutliche Unterschiede beim Spinnen modifizierter und unmodifizierter Viskosen. Trägt man den Gelquellwert über der Zeit auf, dann ist für unmodifizierte Viskosen ein flacherer Kurvenverlauf typisch. Während die Fäden aus modifizierter Viskose kurz hinter der Düse höher gequollen sind, sinkt ihr Gelquellwert mit steigender Badstrecke unter den der Fäden aus unmodifizierter Viskose. Dabei ist

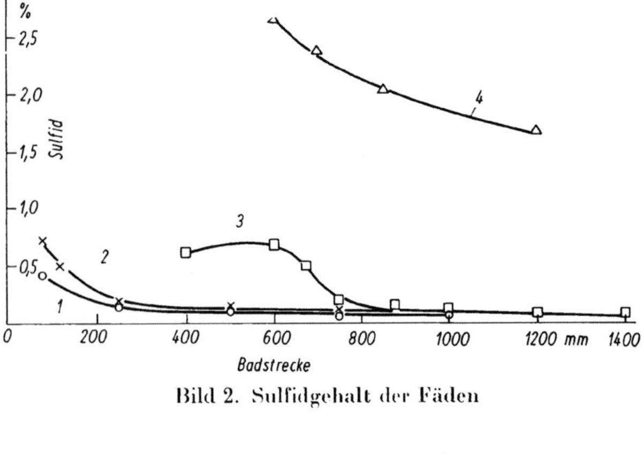

Bild 2. Sulfidgehalt der Fäden

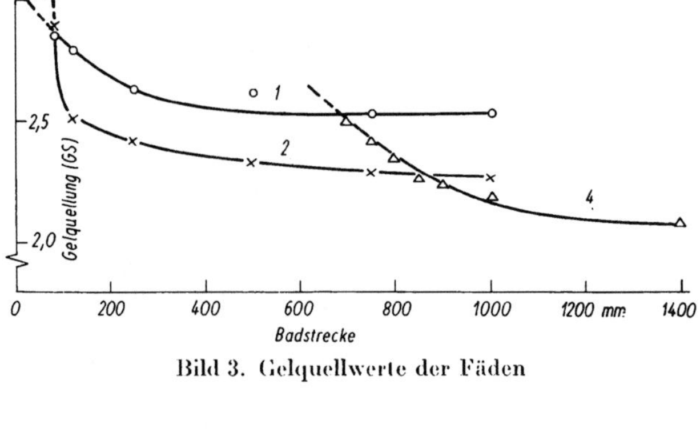

Bild 3. Gelquellwerte der Fäden

Tabelle 2. Mikrofotografien unangefärbter bzw. angefärbter Fadenquerschnitte

Versuch Nr.	Modifikatorgehalt der Viskose [g/l]	Neutralpunkt [mm] (Bromkresolpurpur)	Fadenquerschnitte (Abbildungsmaßstab 315:1)	
			unangefärbt	angefärbt
1	ohne	80	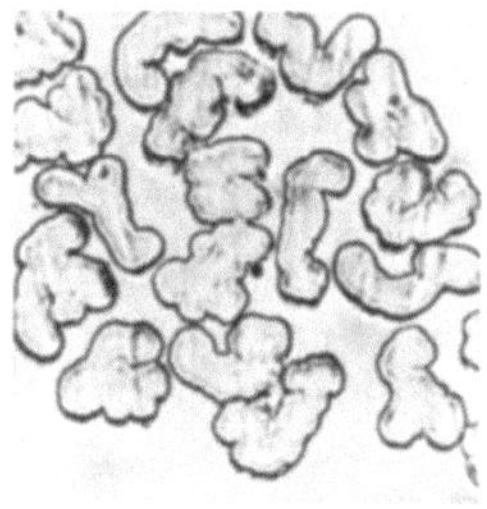	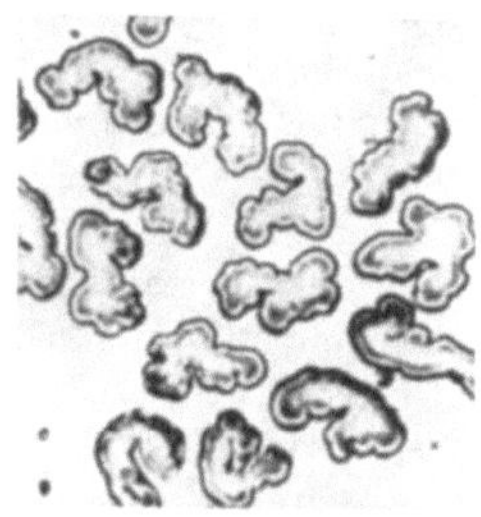
2	2,5 Oxidwachs AN	120		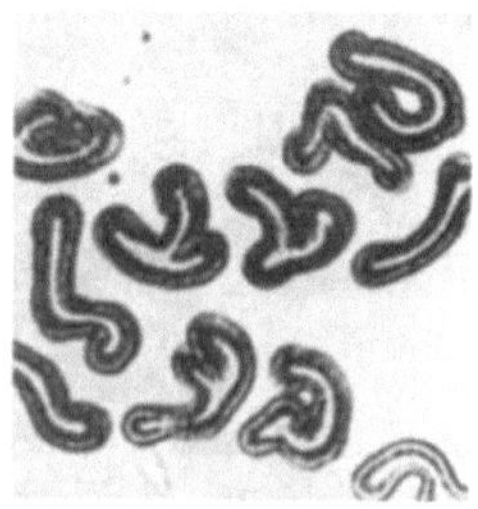
3	5,5 Berol L 603	750	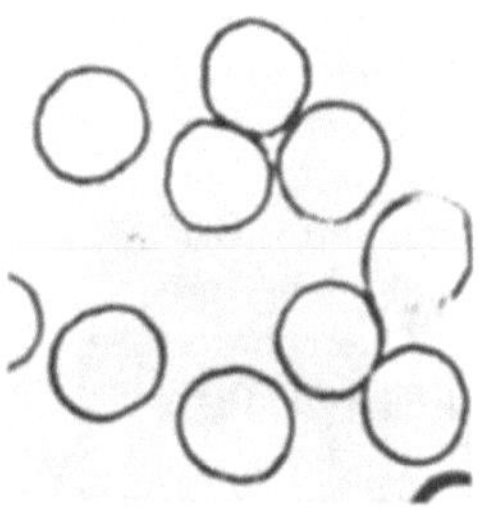	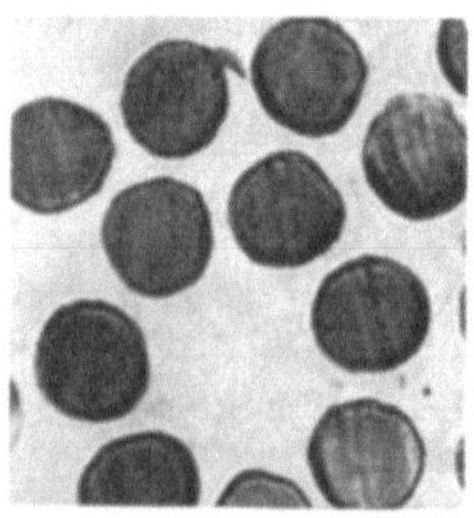
4	1,3 Polyglykol 1500 + 2,0 Leomin AC 80	600	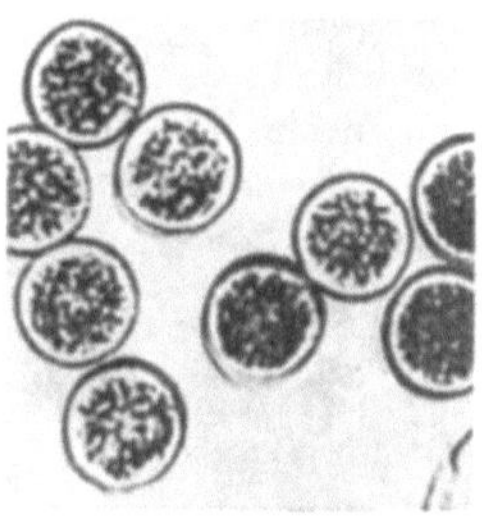	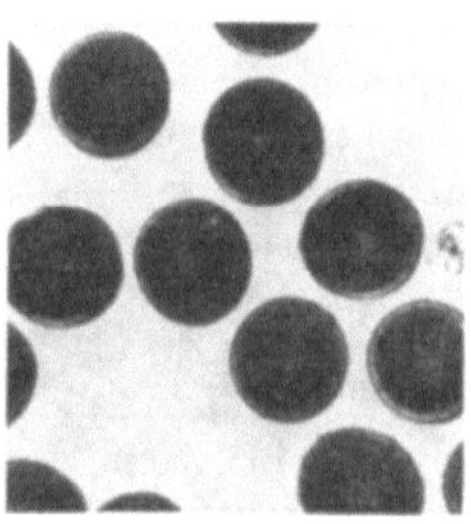

eine möglichst niedrige Gelquellung nach beendetem Spinnprozeß ein Maß für die Güte des Modifizierungsmittels.

Im Bild 3 sind die nach [19] ermittelten Gelquellwerte in Abhängigkeit von der Badstrecke für den Spinnversuch mit unmodifizierter Viskose (Kurve 1) und für das Spinnen der mit „Oxidwachs AN" (Kurve 2) bzw. mit dem Modifikatorgemisch modifizierten Viskose (Kurve 4) aufgetragen. Die den beiden modifizierten Viskosen entsprechenden Kurven weisen, bezogen auf das Spinnen der unmodifizierten Viskose, den oben erwähnten typischen Verlauf auf. Der in Kurve 4 erreichte niedrigere Endwert der Gelquellung weist für die Modifikatormischung „Polyglykol 1500"/„Leomin AC 80" eine bessere Modifikatormischung aus. Die Querschnittsform von Celluloseregeneratfäden wird neben anderen Faktoren auch durch den Modifikatorgehalt der Viskose beeinflußt. Einerseits geht der Fadenquerschnitt bei Modifikatorzusatz von der unregelmäßig gelappten in eine bohnenförmig bis kreisrunde Form über, und zum anderen nimmt die Zahnung der begrenzenden Randlinie ab. Ein gut wirkender Modifikator ist an einem runden oder bohnenförmigen Fadenquerschnitt mit glattem Rand zu erkennen.

Einen weiteren Anhaltspunkt für das Wirken und die Qualität der Modifikatoren erhält man beim Anfärben der Querschnitte. Verwendet man z. B. einen selektiv den Mantel anfärbenden Farbstoff, dann läßt sich anhand der Zunahme des Mantelanteils die Effektivität des Modifikators beurteilen.

Für die Herstellung und spätere Anfärbung der Fadenquerschnitte wurden restlos regenerierte, gewaschene, entschwefelte und an der Luft getrocknete Fäden herangezogen.

In Tabelle 2 sind für die unterschiedlich modifizierten Viskosen die lichtmikroskopisch mit Hilfe von Bromkresolpurpur bestimmten Neutralpunkte sowie Mikrofotografien der unangefärbten und angefärbten Fadenquerschnitte zusammengestellt. Die Aufstellung der Neutralpunkte zeigt die relativ geringfügige NP-Verschiebung bei Zusatz von „Oxidwachs AN" und die beträchtliche Neutralisationsverzögerung im Fall der mit „Berol L 603" bzw. dem Modifikatorgemisch modifizierten Viskose.

In den Spalten 3 und 4 dieser Tabelle sind Mikrofotografien unangefärbter und mit Victoriablau [20] angefärbter Fadenquerschnitte abgebildet. In Übereinstimmung mit den Resultaten der bereits angeführten Methoden zum Nachweis der Modifikatorwirkung ist beim Zusatz von „Oxidwachs AN" kaum eine Beeinflussung der Querschnittsform zu verzeichnen. Umso deutlicher ist das bei „Berol L 603" und der Modifikatormischung der Fall. Anstelle der gelappten, flachen Querschnittsform mit leichter Randzahnung besitzen die Fäden einen nahezu („Berol L 603") bzw. völlig runden Querschnitt („Polyglykol 1500"/„Leomin AC 80") mit glatter Randlinie. Die angefärbten Fadenquerschnitte bestätigen und ergänzen diese Tendenz. Bei Zusatz von „Oxidwachs AN" hat sich die Aufnahme an Mantelfarbstoff gesteigert, während bei den mit „Berol L 603" und dem Gemisch modifizierten Fäden eine Farbstoffverteilung über den gesamten Querschnitt zu beobachten ist, so daß man im letzten Fall von einer Vollmantelfaser sprechen kann.

Zusammenfassend läßt sich feststellen, daß mit den eingesetzten chemisch-analytischen und lichtmikroskopischen Methoden die Wirkung der Modifikatoren deutlich nachgewiesen werden konnte. Diese Methoden ermöglichen gleichzeitig eine Einstufung der verwendeten Modifikatoren hinsichtlich ihrer Wirksamkeit. Danach zeigt unter den bei unseren Untersuchungen vorliegenden Spinnbedingungen das „Oxidwachs AN" nur eine sehr schwach modifizierende Wirkung gegenüber dem reinen Polyamin bzw. dem Polyamin/Polyäthylenglykol-Gemisch. Zwischen dem Polyamin und der Modifikatormischung sind nur geringfügige Unterschiede in der Wirksamkeit zu erkennen. So weisen z. B. die mit dem Modifikatorgemisch gesponnenen Fäden einen höheren Sulfidgehalt auf, während andererseits beim Vergleich des Xanthogenatabbaus oder der Fadenquerschnitte nur minimale Differenzen auftreten.

Dieser Nachweis der Modifikatorwirkung sowie einer Differenzierung in der Effektivität der einzelnen Modifikatoren ließ auch für die elektronenmikroskopische Untersuchung feuchter Fäden interessante Konsequenzen bezüglich der Ausbildung einer Deckschicht, ihrer Morphologie und Beständigkeit erwarten.

Literatur

[1] *Gröbe, A., Maron, R.*, und *Rose, K. P.*: Elektronenmikroskopische Untersuchungen an Oberflächen von Celluloseregeneratfäden. Teil I. Eine Methode zur Herstellung von Oberflächenrepliken ungetrockneter Fäden. Faserforsch. u. Textiltechnik **19** (1968) 6, S. 253—258.

[2] *Maron, R., Rose, K. P.*, und *Gröbe, A.*: Elektronenmikroskopische Untersuchungen an Oberflächen von Celluloseregeneratfäden. Teil II. Nachweis und Charakterisierung von Deckschichten auf den Fadenoberflächen. Faserforsch. u. Textiltechnik **19** (1968) 7, S. 319—324.

[3] *Klare, H.*, und *Gröbe, A.*: Über einige spezielle Probleme des Bildungsmechanismus hochfester Celluloseregeneratfäden. Papier **14** (1960) 10a, S. 526—531.

[4] *Götze, K.*: Diskussionsbemerkung, Hauptversammlung des Vereins „Zellcheming", Garmisch-Partenkirchen 1960.

[5] *Kassenbeck, P.*: Influences de traitements physiques et chimiques sur l'état de surface des fibres de rayonne-viscose. Ann. sci. textiles belges (1956) 1, S. 176—194.

[6] *Gröbe, A., Klare, H., Maron, R., Jost, H.*, und *Casperson, G.*: Über die Fadenbildung von Supercordfäden und den Wirkungsmechanismus von Viskosemodifikatoren. Faserforsch. u. Textiltechnik **13** (1962) 1, S. 1—9.

[7] *Maron, R.*: Untersuchungen über Fadenbildungsreaktionen beim Viskosespinnprozeß. Dissertation Karl-Marx-Universität Leipzig 1963.

[8] *Götze, K.*, und *Strach, V.*: Zur Theorie der Fadenbildung bei hochfesten, nach dem Viskose-Verfahren gesponnenen Fasern. Melliand Textilber. **41** (1960) 11, S. 1326—1327.

[9] *Götze, K.*, und *Rauch, H.*: Untersuchungen über die Struktur und den Fadenbildungsmechanismus bei Supercordreyon. Melliand Textilber. **46** (1965) 5, S. 488—494; 9, S. 953—955; **47** (1966) 2, S. 161—166.

[10] *Murakami, E.*: Study on spinning mechanism of viscose. II. Action mechanism of viscose modifier. IV. The chemical structures and the effects of viscose modifier. J. Soc. Textile Cellulose Ind., Japan **20** (1964) 2, S. 94—99; 3, S. 155—161.

[11] *Philipp, B.*, und *Müller, K.*: Chemische Untersuchungen zur Wirkungsweise von Viskosemodifikatoren. Teil I: Über Umsetzungen von Aminen mit Viskose- und Spinnbadkomponenten. Teil II: Über das Verhalten der Viskosenebenprodukte Natriumtrithiocarbonat und Natriumsulfid gegenüber Modifikatoren. Faserforsch. u. Textiltechnik **13** (1962) 2, S. 54—61; 9, S. 385 bis 392.

[12] *Müller, K.*: Über chemische Umsetzungen von Viskosemodifikatoren mit den Komponenten der Viskose und des Cordspinnbades. Dissertation Karl-Marx-Universität Leipzig 1962.

[13] *Ševčenko, A. S., Konkin, A. A.*, und *Serkov, A. T.*: Über die Möglichkeit der Bildung von Komplexverbindungen beim Erspinnen von Viskosefäden mit Modifikatoren. Chim. Volokna (Chem. Fasern) **4** (1962) 5, S. 27—30.

[14] *Ševčenko, A. S.*: Bildung von Komplexverbindungen beim Erspinnen von Viskosefäden in Gegenwart von Modifikatoren. Chim. Volokna (Chem. Fasern) **7** (1965) 1, S. 58—60.

[15] *Van de Ven, A. M.*: Modifizierende Wirkung von Viskosezusatzmitteln beim Spinnen von Reifenreyon. Papier **19** (1965) 10a, S. 757—764.

[16] *Obuchi, S., Tsuneda, T.*, und *Maeda, H.*: Studies on the mechanism of the action of viscose modifier. Part I. The behavior of modifier viscose filament on its surface during the spinning. J. Soc. Fiber Sci. Technol., Japan **20** (1964) 6, S. 406—411.

[17] *Philipp, B.*: Zur Analytik von Viskoselösungen. Chem. Technik **8** (1956) 2, S. 77—80.

[18] *Schmiedeknecht, H.*, und *Klare, H.*: Technologische Beiträge zur Erzeugung hochfester Celluloseregeneratfasern. 3. Mitt.: Die Gelquellung von Viskosefäden. Faserforsch. u. Textiltechnik **14** (1963) 6, S. 219—227.

[19] Merkblatt IV/33/57 des Vereins der Zellstoff- und Papierchemiker und -ingenieure, ausgegeb. am 1. 1. 1957.

[20] *Morehead, F. F.*, und *Sisson, W. A.*: Skin effect in viscose rayon. Textile Res. J. **15** (1945) 12, S. 443—450.

Eingegangen am 25. April 1968

Zum Einfluß der Verstreckung auf den photochemischen Abbau von Polycaprolactam-Experimentalfäden[1)][2)]

Gerhard Reinisch und Werner Jaeger

Deutsche Akademie der Wissenschaften zu Berlin, Institut für Faserstoff-Forschung in Teltow-Seehof

DK 677.494.675'126:677.494.021.64:677.494.061.39:541.144.8:620.193.6

Polycaprolactamfäden gleichen Querschnitts werden bei natürlicher Belichtung im unverstreckten Zustand viel stärker geschädigt als im verstreckten. Näherungsgesetze des Abbaus dieser Materialien werden diskutiert.

К вопросу о влиянии вытяжки на фотохимическую деструкцию модельных нитей из поликапролактама

Повреждение поликапроамидных нитей одинаковой толщины при облучении в естественных условиях для невытянутых нитей значительно выше, чем для вытянутых. Обсуждены приближенные закономерности деструкции таких материалов.

The Effect of Drawing on the Photochemical Degradation of Experimental Polycaprolactam Filaments

Polycaprolactam filaments having equal diameter are, on exposure to sunlight far more degradated in the undrawn state than drawn samples. Approximative equations describing the mechanism of degradation are discussed.

1. *Einführung*

Die Geschwindigkeit des photochemischen Abbaus von Polyamidfaserstoffen ist außer von energetischen und chemischen Faktoren auch von der Geometrie und von der Mikromorphologie des Fadenmaterials abhängig. Da bislang keine systematischen Experimentaluntersuchungen über den Einfluß des Ordnungszustandes von Polycaprolactamfäden auf den zeitlichen Verlauf ihrer lichtinduzierten Alterung beschrieben wurden, soll hier über Ergebnisse von Prinzipversuchen berichtet werden. Die Geometrie der Proben wurde dabei durch entsprechende Wahl von Fördermenge und Abzugsgeschwindigkeit beim Schmelzspinnen der Experimentalfäden konstant gehalten.

2. *Experimenteller Teil*

Die Herstellung der verstreckten und unverstreckten Elementarfäden gleicher Feinheit erfolgte aus technischen Glanzschnitzeln, die für die Gewinnung der mattierten Faserstoffe vor dem Aufschmelzen mit 0,4% TiO_2 KRONOS AD (Titangesellschaft Leverkusen) bestäubt wurden. Die unverstreckten Proben wurden bei einer Fördermenge von 3,05 g · min^{-1} und 1100 m · min^{-1} Abzug gesponnen, für die zu verstreckenden Fäden (Verstreckverhältnis 1:3,9) wurde mit 6,1 g · min^{-1} Fördermenge bei 550 m · min^{-1} Abzug gearbeitet. Durch die hohe Abzugsgeschwindigkeit bei der Herstellung der unverstreckten Materialien erfolgt, wie wir röntgenographisch überprüften, nur eine sehr geringfügige Orientierung der Fäden. Fadenfeinheit [den]: mattiert/verstreckt (102) = 25,6; mattiert/unverstreckt (103) = 24,4; unmattiert/verstreckt (104) = 23,9; unmattiert/unverstreckt (105) = 23,6.

Zur Eliminierung von Fadenfeinheits- und Reißkraftschwankungen wurden die zu belichtenden Materialien zunächst nach dem Mischweifenprinzip vorbereitet, dann in Sonnenlichtbelichtungskästen, die mit UV-durchlässigen Doppelglasscheiben (Absorptionskante bei ca. 250 nm) der Neigung 45° bedeckt und genau nach Süden ausgerichtet waren, bestrahlt und anschließend die Restfestigkeit ermittelt [1]. Als Zeiteinheit diente die Normalbleichstunde nh nach *Sommer* [2].

Die rel. Lösungsviskosität der Polycaprolactammaterialien wurde an 0,5%igen Lösungen in 95,6%iger H_2SO_4 bei 20 °C ± 0,01 grd (*Ubbelohde*-Viskosimeter, Kapillare Nr. 2) gemessen. Zur Berechnung von $\overline{P}_v$ (bei ungeschädigtem Material $\overline{P}_n$) aus $[\eta]$ benutzten wir die Beziehung von *Loepelmann/Matthes* [3].

Die Carboxylgruppentitration erfolgte visuell in Benzylalkohol/n-Propanol [4] mit 0,02 n benzylalkoholischer NaOH und Phenolrot als Indikator.

3. *Ergebnisse und Diskussion*

Nach theoretischen Überlegungen sollten unverstreckte Fäden stärker geschädigt werden als durch Verstreckung orientiertes und in einen höheren Ordnungszustand überführtes Fadenmaterial gleicher Abmessungen. *Sippel* entwickelte dazu die Vorstellung, daß nicht alle Bindungen der Polyamidmolekel gleichartig photolytisch spaltbar sind, sondern daß der photochemisch erwirkte Festigkeitsabfall durch Trennung von Hauptvalenzen in den sogenannten „Kristallitbrücken" (Molekelteile, die zwei kristalline Bereiche verbinden) erfolgt [5, 6]. Dabei soll in den Kristalliten absorbierte Lichtenergie zu den lichtempfindlichen Bindungen geleitet werden [6]. Durch Abschätzung des spektralen Wirkungsvolumens für zwei mögliche Fälle der Treffertheorie, einmal für Brückentreffer (ber. 45 Å³), zum anderen für Kristalltreffer mit Energiefortleitung zu den angreifbaren labileren Stellen (ber. 75000 Å³) und Vergleich mit experimentellen Werten (3 bis 30 Å³) kam *Kaufmann* zu der Feststellung, daß nur Treffer in den fehlgeordneten Bereichen zur photochemischen Wirkung führen [7].

Literaturbeispiele für den Einfluß des Ordnungszustands von Fäden auf ihre Abbauneigung sind nur ganz vereinzelt zu finden. So wird in einer redaktionellen Mitteilung (ohne experimentellen Beleg) angegeben, daß hochfeste Polyamidfaserstoffe weniger stark abgebaut werden als Fäden normaler Festigkeit [8]. Ergebnisse von *Visokinskas* und *Paulauskas* [9], wonach durch trockene Heißluft oder Ultrarotstrahlung thermofixiertes Polycaprolactamgewebe bei Bestrahlung mit einer UV-Lampe lichtbeständiger ist als unbehandeltes Material, sind sicher auch auf Unterschiede in der

1) 7. Mitt. über Probleme der Polyamidchemie. 6. Mitt.: *Reinisch, G.*, und *Jaeger, W.*: Faserforsch. u. Textiltechnik **16** (1965) S. 583–588.

2) Anm. bei der Korrektur: Vorgetragen auf der Internationalen Konferenz „Chemical Transformation of Polymers" in Bratislava/ČSSR am 26. 6. 1968 (Preprint P 5).

Tabelle 1. Abbauverlauf mattierter Polycaprolactam-Elementarfäden gleicher Feinheit bei Sonnenbelichtung hinter UV-Glas

Belichtungs-zeit [nh]	verstreckt Restreißkraft-Verhältnis [%]	verstreckt $\bar{P}$ (visk.)	verstreckt $\bar{P}$ (COOH)	unverstreckt Restreißkraft-Verhältnis [%]	unverstreckt $\bar{P}$ (visk.)	unverstreckt $\bar{P}$ (COOH)
50	70,9	121	82	46,4	91	72
100	48,4	93	66	17,4	56	51
150	37,7	81	58	13,4	45	42

Tabelle 2. Abbauverlauf unmattierter Polycaprolactam-Elementarfäden gleicher Feinheit bei Sonnenbelichtung hinter UV-Glas

Belichtungs-zeit [nh]	verstreckt Restreißkraft-Verhältnis [%]	verstreckt $\bar{P}$ (visk.)	verstreckt $\bar{P}$ (COOH)	unverstreckt Restreißkraft-Verhältnis [%]	unverstreckt $\bar{P}$ (visk.)	unverstreckt $\bar{P}$ (COOH)
100	85,6	121	84	26,6	95	76
200	53,8	70	70	11,1	51	54
300	24,1	56	59	nicht mehr prüfbar	35	41

physikalischen Struktur der untersuchten Fäden zurückzuführen. Schließlich ist die Feststellung von *Regel* und *Černij* [10] zu nennen, daß die Lebensdauer mechanisch belasteter Fäden und Folien bei UV-Bestrahlung einem strukturbedingten Koeffizienten α_j umgekehrt proportional ist, der von $2 \cdot 10^{-2}\ \mathrm{mm}^2 \cdot \mathrm{kg}^{-1}$ für den hochorientierten Zustand auf $150 \cdot 10^{-2}\ \mathrm{mm}^2 \cdot \mathrm{kg}^{-1}$ für den nichtorientierten Zustand ansteigt. Diese Aussage wird jedoch nur durch Vergleichswerte von Fäden aus ganz verschiedenartigen Polymeren belegt; Daten für Fäden gleicher chemischer Struktur, aber unterschiedlicher Orientierung, fehlen.

Wir belichteten mattierte und unmattierte, jeweils verstreckte und unverstreckte Polycaprolactam-Elementarfäden annähernd gleicher Feinheit im direkten Sonnenlicht hinter UV-Glas und bestimmten die Lichtschädigung der bestrahlten Experimentalfäden durch Messung von Reißfestigkeit und viskosimetrisch ermitteltem Durchschnittspolymerisationsgrad. Der Abfall der Restreißkraft ist, unabhängig von der Anwesenheit des Mattierungsmittels, bei den nichtorientierten Fäden tatsächlich jeweils weitaus stärker als bei den verstreckten Fäden (Tabelle 1 und 2, Bild 1). Die Unterschiede in der Abnahme des Polymerisationsgrades bestätigen diesen Befund (Tabelle 1 und 2, Bild 2).

Bei rein statistischem Kettenabbau sollten sowohl die Abnahme der Restreißkraft [5, 6] als auch die Bindungsspaltung nach einem Geschwindigkeitsgesetz erster Ordnung erfolgen, $\log \% R = f(\tau)$ ($\% R$ = Restreißkraft-Verhältnis in %) und $1/\bar{P}_v = f(\tau)$ (für $1 \gg 1/\bar{P}_v$) also jeweils Geraden ergeben. Die Funktion $1/\bar{P}_v = f(\tau)$ entspricht dem von *Matthes* [11] für den hydrolytischen Abbau von Polyamiden formulierten kinetischen Ansatz (vgl. auch [12]). Unsere Experimentalergebnisse erfüllen diese Gesetze jedoch nur näherungsweise (Bild 1 und2). Das kann durch den topochemischen Charakter des Lichtabbaus, durch die Mikromorphologie der Proben, die einem rein statistischen Abbau entgegensteht, aber auch durch den nicht streng gleichmäßigen Zeitmaßstab bedingt sein. Hinzu kommt, daß wir mit der Reißkraft eine ohnehin

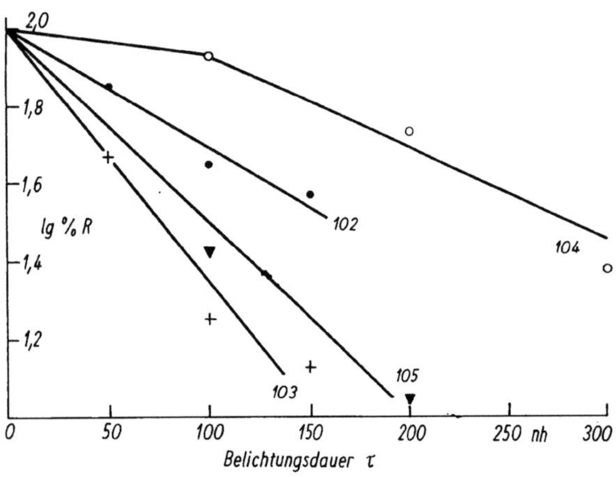

Bild 1. Abbauverlauf von Polycaprolactam-Elementarfäden gleicher Feinheit bei Sonnenbelichtung hinter UV-Glas: Veränderung des prozentualen Restreißkraftverhältnisses (• 102 matt. verstr.; + 103 matt. unverstr.; o 104 unmatt. verstr.; ▼ 105 unmatt. unverstr.)

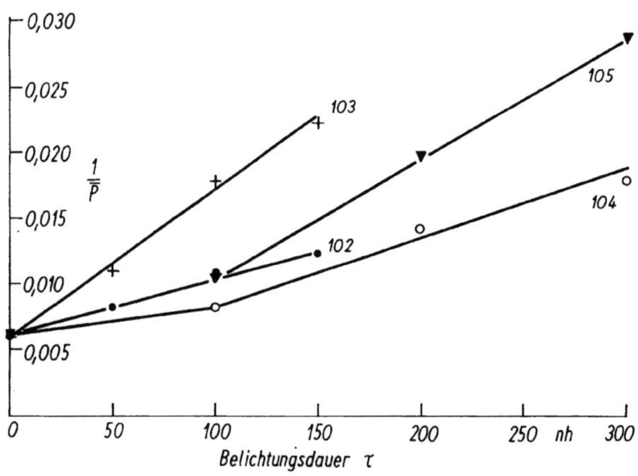

Bild 2. Abbauverlauf von Polycaprolactam-Elementarfäden gleicher Feinheit bei Sonnenbelichtung hinter UV-Glas: Abnahme des viskosimetrischen Durchschnittspolymerisationsgrades (• 102 matt. verstr.; + 103 matt. unverstr.; o 104 unmatt. verstr.; ▼ 105 unmatt. unverstr.)

komplexe Größe zugrundelegen und daß auch $\bar{P}$ bei der nicht bekannten Uneinheitlichkeit der abgebauten Proben nicht mit $\bar{P}_n$ identisch sein muß. Bemerkenswert ist, daß die mattierte, verstreckte (102) und die unmattierte, unverstreckte Fadenprobe (105) nach einer Belichtungszeit von 100 nh nahezu den gleichen viskosimetrischen Durchschnittspolymerisationsgrad aufweisen, während die Restreißkraft-Verhältnisse beider Materialien (48,4 und 26,6%) beträchtlich differieren.

Die viskosimetrisch bzw. durch Carboxylgruppentitration ermittelten $\bar{P}$-Werte stimmen nach längeren Belichtungszeiten annähernd überein, so daß sich auch anhand der Zunahme der Carboxylgruppenkonzentration die wesentlich größere Abbauneigung der unverstreckten Fäden erkennen läßt (Tabelle 1 und 2). Weiterhin wird durch die in den Tabellen 1 und 2 angeführten Ergebnisse noch einmal, jedoch an exakt vergleichbaren Materialien, die bereits bekannte Tatsache bestätigt, daß TiO_2-haltige Polycaprolactamfäden bei Lichteinwirkung wesentlich stärker geschädigt werden als unmattierte Faserstoffe.

Wir danken den Herren Dr. *F. Winkler* und Textiling. *F. Schmidt*, Abt. Textilprüfung des Instituts, für die Durchführung der Belichtungsprüfungen.

Herrn Chemieing. *H. Versäumer* danken wir für die Betreuung der Spinnversuche.

4. *Literatur*

[1] *Schmidt, F.*, *Pietschmann, S.*, und *Winkler, F.*: Natürliche und künstliche Belichtung von Chemieseiden. Dt. Textiltechnik **18** (1968) 4, S. 249–254.

[2] vgl. *Sommer, H.*, und *Winkler, F.*: Handbuch der Werkstoffprüfung, Bd. 5, S. 1279. Berlin/Göttingen/Heidelberg: Springer 1960, und dort zitierte Literatur.

[3] *Loepelmann, F.*: Molekulargewicht und Viskosität von Polyaminosäuren (Perlon, Nylon). Faserforsch. u. Textiltechnik **2** (1952) S. 58–66; *Matthes, A.*: Gang und Gleichgewicht der Caprolactampolymerisation. Makromol. Chemie **13** (1954) S. 90–101; Reaktionskinetische Betrachtungen an Perlon. Faserforsch. u. Textiltechnik **6** (1955) S. 252–260.

[4] *Turska, E.*, und *Wolfram, L.*: Eine Modifizierung der Endgruppenbestimmung bei Polyamiden. Zesz. nauk. Politechn. Łodźkiej (Wiss. H. Politechn. Łodź) **22**, Chemia **7** (1958) S. 79–82.

[5] *Sippel, A.*: Die Veränderung von Reißfestigkeit und Polymerisationsgrad bei Kunstfasern durch Bestrahlung und der Zusammenhang dieser Erscheinungen mit dem molekularen Feinbau, insbesondere bei Zellulose (-derivaten). Kolloid-Z. **112** (1949) S. 80–84.

[6] *Sippel, A.*: Die Theorie der Photolyse von Textilfasern. Melliand Textilber. **33** (1952) S. 645–649; Gesetzmäßigkeiten beim Abbau von Textilfasern durch energiereiche Strahlung und Wärme. Melliand Textilber. **38** (1957) S. 898–904.

[7] *Kaufmann, S.*: Die spektrale Strahlungseinwirkung auf die Reißspannung von Faserstoffen. Faserforsch. u. Textiltechnik **15** (1964) S. 358–367.

[8] Resistance of nylon to light degradation. Fibres **18** (1957) S. 218.

[9] *Visokinskas, A. A.*, und *Paulauskas, A. P.*: Einfluß der Thermofixierung auf die Photoalterung von Polycaproamid. Vysokomol. Soed. (Hochmol. Verbind.) **9B** (1967) S. 604–607; dt. in: Sowj. Beitr. Faserforsch. Textiltechnik **4** (1967) S. 627–629.

[10] *Regel, V. R.*, und *Černij, N. N.*: Lebensdauer von polymeren Fäden und Filmen im gespannten Zustand unter Einwirkung von UV-Strahlung. Chim. Volokna (Chem. Fasern) (1965) S. 50–54; dt. in: Sowj. Beitr. Faserforsch. Textiltechnik **3** (1966) S. 191–196.

[11] *Matthes, A.*: Grundlagen einer viskosimetrischen Polymerisationsgradbestimmung und gestaltliche Verhältnisse der Polyamide in Lösung. J. prakt. Chemie **162** (1943) S. 245–278.

[12] *Priest, W. J.*: Technique of Organic Chemistry, Vol. **8**, S. 524–525. Hrsg. v. *A. Weissberger*. New York: Interscience Publ. 1953, und dort zitierte Literatur.

Eingegangen am 11. April 1968

Zur Accessibilität der Cellulose in Bereichen mit niedrigem Ordnungsgrad

Johannes Dechant

Deutsche Akademie der Wissenschaften zu Berlin,

Institut für Faserstoff-Forschung in Teltow-Seehof, Abteilung Physik

DK 547.458.81:677.1/.2:677.463:546.212:547.26:546.11.02.2:539.26

Die Zugänglichkeit von nativer und regenerierter Cellulose für Wasser, Methanol und Äthanol wurde nach der Deuteriumaustauschmethode bestimmt. Auf diese Weise wird eine Untersuchung der Bereiche mit mittlerem Ordnungsgrad ermöglicht. Es werden charakteristische Unterschiede zwischen nativer Cellulose, normaler Textilviskoseseide und Cordviskoseseide gefunden.

К вопросу о доступности целлюлозы в областях с низкой степенью упорядоченности

При применении метода обмена дейтерия определена доступность природной и регенерированной целлюлоз для воды, метилового и этилового спиртов. При этом оказалось возможным изучать области со средней степенью упорядоченности. Найдены характерные различия между природной целлюлозой, обычным вискозным шелком и кордным волокном.

The Accessibility of Cellulose in Low Order Regions

The accessibility of native and regenerated cellulose by water, methanol and ethanol was examined after subjecting the samples to deuterium exchange. That enabled the low order regions to be determined. Substantial differences between native cellulose, standard rayon and cord rayon fibres were established.

1. *Einführung*

Der Deuteriumaustausch bei Einwirkung von schwerem Wasser auf Cellulose läßt sich als Dreistufenprozeß beschreiben ([1, 2], dort weitere Literatur). In der ersten Stufe erfolgt eine schnelle Deuterierung der leicht zugänglichen Anteile, an die sich ein wesentlich langsamer verlaufender Prozeß anschließt, der oft als Deuterierung der in der Oberfläche der Kristallite liegenden Hydroxylgruppen erklärt wird. Die ultrarotspektroskopische Analyse der OD-Valenzschwingung zeigt, daß die von diesen Hydroxylgruppen gebildeten Wasserstoffbrücken nicht die regelmäßige Struktur haben, wie sie in den Kristalliten vorliegt. Erst bei noch längerer Einwirkung von D_2O werden auch regelmäßig angeordnete OD-Gruppen gebildet, wobei nicht immer zu unterscheiden ist, ob das schwere Wasser in die gut geordneten Bereiche eindringt oder ob eine Umkristallisation erfolgt.

Gewöhnlich wird bei Accessibilitätsbestimmungen der Deuterierungsprozeß bis zur ersten oder zweiten Stufe fortgesetzt. Während sich der Übergang zwischen diesen beiden Stufen nicht ohne Willkür festlegen läßt, kann der Beginn der Deuterierung von Bereichen mit regelmäßiger Wasserstoffbrückenstruktur im UR-Spektrum der rehydrogenierten Probe am Auftreten aufgelöster Peaks in der OD-Valenzschwingungsbande erkannt werden. Man erhält somit durch D_2O-Accessibilitätsmessungen einen oder zwei Zahlenwerte für die übermolekulare Struktur der Cellulose.

Vergleicht man die nach verschiedenen Methoden erhaltenen Ergebnisse für die unzugänglichen, kristallinen oder gut geordneten Bereiche [1, 3, 4], so werden meist nach der D_2O-Austauschmethode die niedrigsten Werte erhalten. Die unterschiedlichen Ergebnisse lassen sich am einfachsten durch die Annahme einer Ordnungsverteilung erklären, wie sie für Cellulose z. B. *Marchessault* und *Howsmon* [3] beschrieben und die in einer in dieser Zeitschrift erschienenen Arbeit durch Messungen an abgebauten Cellulosen näher untersucht wurde [5]. Auch in der zuletzt genannten Arbeit sind die durch D_2O-Austausch gemessenen unzugänglichen Anteile sowohl für die Ausgangsprodukte als auch für abgebaute Proben niedriger als der röntgenographisch bestimmte Ordnungsgrad. Durch D_2O-Austausch läßt sich also der Anteil mit dem besten Ordnungszustand gegenüber den anderen Anteilen mit geringerer, aber nicht einheitlicher Ordnung abgrenzen. Andererseits ist bekannt, daß die technologischen Eigenschaften wesentlich durch die Struktur der weniger gut geordneten Bereiche bestimmt werden, so daß ein erhebliches Interesse an einer besseren Kenntnis dieser Bereiche besteht.

Es ist relativ einfach, tiefer in die kristallinen Bereiche einzudringen, indem die Deuterierung bei erhöhter Temperatur [6] oder mit NaOD-Lösungen steigender Konzentration [7] durchgeführt wird. Bei niedrigen NaOD-Konzentrationen (unter 4%) werden weniger gut geordnete Anteile der Kristallite deuteriert. Übersteigt die Konzentration 8%, so erfolgt eine Quellung der Gitterstruktur, was sich in einer starken Zeitabhängigkeit der Austauschreaktion bemerkbar macht. Zwischen 4 und 8% überwiegt die intermicellare Quellung [7].

2. *Deuterierungsverlauf in den zugänglichen Bereichen*

Die Accessibilität der weniger gut geordneten Bereiche wurde überwiegend mit chemischen Methoden und durch Quellungsmessungen untersucht [3, 8, 9]. Um die Vorteile der Deuteriumaustauschmethode, die im Gegensatz zu vielen anderen Verfahren eine exakt definierte Größe — das Verhältnis der OD- zur OH-Konzentration — mit guter Genauigkeit zu messen gestattet, auch auf die Charakterisierung der weniger gut geordneten Bereiche anwenden zu können, untersuchte *Jeffries* [6] den Deuterierungsprozeß bei erniedrigtem Dampfdruck.

Die ungeordneten Bereiche erwiesen sich jedoch bis herab zu 3% des Sättigungsdruckes als vollständig zugänglich, obwohl die Feuchtigkeitsaufnahme der Proben sehr stark vom Partialdruck abhing. Lediglich die Zeit bis zur Gleichgewichtsdeuterierung stieg bei niedriger D_2O-Konzentration stark an, und der in der zweiten Stufe des Prozesses deuterierte, besser geordnete Anteil zeigte eine deutliche Abhängigkeit vom Partialdruck, was auf die zunehmende Quellung bei steigender Sorption zurückgeführt werden kann.

Wir versuchten, aus der Geschwindigkeit des in der ersten Stufe erfolgenden schnellen Austausches auf die Struktur der zugänglichen Bereiche zu schließen. Die Messungen erwiesen sich jedoch als zu ungenau. Während die in 16 h ausgetauschte Menge an Hydroxylgruppen auf 1 bis 2% genau gemessen werden kann [10], streuen die nach 1 h durchgeführten Messungen um 10% und mehr. Diese Angaben gelten für Fasermaterial. In für direkte spektroskopische Untersuchungen geeigneten etwa 5 µm dicken Filmen ist der schnelle Austausch schon nach wenigen Minuten abgeschlossen [2]. Die Austauschgeschwindigkeit hängt sehr stark von der relativen Oberfläche und einem eventuell vorhandenen System von Makroporen ab. Sie ist also kein geeignetes Maß für die übermolekulare Struktur, auch wenn man die Meßgenauigkeit durch Deuterierung bei niedrigem D_2O-Partialdruck erhöht.

Aus den genannten Gründen verwendeten wir Deuterierungsmedien, die mit dem Wasserstoffbrückensystem der Cellulose weniger stark in Wechselwirkung treten und weniger quellend wirken als Wasser und die infolge ihrer Molekülgröße weniger tief in ein Mikroporensystem eindringen können. Im folgenden berichten wir über erste Messungen mit deuteriertem Methanol CH_3OD und deuteriertem Äthanol C_2H_5OD.

3. *Experimentelle Methode*

Die Deuterierung mit CH_3OD und C_2H_5OD wird im wesentlichen nach dem gleichen Verfahren durchgeführt, wie es bereits für Accessibilitätsmessungen mit schwerem Wasser beschrieben wurde [10]. Das Deuterierungsmittel wird in flüssiger Phase angewendet. 0,5 g Cellulose werden mit 10 g deuteriertem Alkohol überschichtet und unter mehrfachem Rühren 18 h stehengelassen. Durch Versuche war gesichert, daß, ebenso wie bei Wasser, auch bei den Alhoholen nach dieser Zeit ein Gleichgewichtszustand erreicht ist.

Im Methanol-(OD) betrugen die relative Häufigkeit des schweren Isotops in den Hydroxylgruppen 97,9 ± 0,5% und der Wassergehalt 1,3% D_2O. Das Äthanol-(OD) hatte 99,4 ± 0,5% relative Häufigkeit des schweren Isotops und einen D_2O-Gehalt von 1,5%. Bei einer Accessibilität der Cellulose von 80% verringert sich für die eingesetzten Mengen der Deuteriumgehalt des Methanols während der Deuterierung um etwa 2% und der des Äthanols um 3,5%. Da der Meßfehler nur etwa 1 bis 2% beträgt, mußten bei der Auswertung sowohl die Isotopenverdünnung als auch die geringere OD-Häufigkeit des Methanols berücksichtigt werden.

Nach erfolgter Deuterierung werden die Proben im Vakuum bei 85 °C getrocknet und mit H_2O rehydrogeniert. Bei den mit Alkohol deuterierten Proben ist die notwendige Trocknungszeit wesentlich geringer als bei Deuterierung mit D_2O. Die Accessibilität wird aus dem UR-spektroskopisch bestimmten HOD-Gehalt des zur Rehydrogenierung verwendeten Wassers berechnet.

Aus früheren Messungen [10] ist bekannt, daß nach Deuterierung in schwerem Wasser in flüssiger Phase durch Rehydrogenierung in H_2O ein zu niedriger Accessibilitätswert gefunden wird. Erst in 7%iger NaOH-Lösung werden alle Deuteroxylgruppen rehydrogeniert. Die Differenz ist auf die Deuterierung oder Umkristallisierung von gut geordneten Bereichen zurückzuführen, die für die hier beschriebenen Untersuchungen nicht im Vordergrund des Interesses standen. Bei der Behandlung mit Methanol-(OD) oder Äthanol-(OD) ist die Entstehung von nicht rehydrogenierbaren Deuteroxylgruppen nicht zu erwarten.

4. *Ergebnisse*

In Tabelle 1 sind die Ergebnisse der Accessibilitätsmessungen in D_2O, CH_3OD und C_2H_5OD zusammen-

Tabelle 1. Accessibilität von Celluloseproben für schweres Wasser, Methanol-(OD) und Äthanol-(OD)

Deuterierung	D_2O, 25 °C, 18 h	CH_3OD, 25 °C, 18 h	C_2H_5OD, 25 °C, 18 h
Rehydrogenierung	H_2O, 25 °C, 18 h	H_2O, 25 °C, 18 h	H_2O, 25 °C, 18 h
Probe	Accessibilität [%]		
Baumwoll-Linters	34,0	31,3	32,8
Fichtensulfitzellstoff	43,7	37,5	40,5
Fichtensulfatzellstoff	47,0	40,5	43,5
Textilviskoseseide	73,0	63,0	62,0
Cordviskoseseide A	82,0	78,0	65,0
Cordviskoseseide B	82,0	78,0	62,5

gestellt. Die aus der Reproduzierbarkeit der Messungen abgeschätzte Meßgenauigkeit beträgt etwa 2% der angegebenen Zahlenwerte.

Als Probenmaterial dienten native Baumwoll-Linters, zwei Zellstofftypen, normale Viskoseseide und zwei Muster von Super-I-Cordviskoseseide. Die Proben und ihre Vorbehandlung wurden in der Arbeit [5] näher beschrieben[1]).

Bei Baumwoll-Linters liegen alle drei Accessibilitäten in einem Bereich, der die statistisch gesicherte Meßgenauigkeit nur wenig überschreitet. Die Baumwolle verhält sich also gegenüber unseren Accessibilitätsmessungen wie ein Zweiphasensystem mit einem nur kleinen Übergangsbereich.

Beide Zellstoffproben sind für Methanol deutlich weniger zugänglich als für Wasser, die Äthanolaccessibilität liegt etwa in der Mitte zwischen diesen beiden Werten.

Bei den regenerierten Cellulosen wird die auf Grund der Molekülgröße und der Quellfähigkeit erwartete Steigerung der Accessibilität beim Übergang von Äthanol zu Methanol und Wasser gefunden. Besonders groß ist die Spannweite der Meßwerte bei den Cordseiden, die sich daher von allen untersuchten Proben am wenigsten als Zweiphasensystem beschreiben lassen. Vielmehr ist eine sehr heterogene Struktur der für D_2O zugänglichen Bereiche anzunehmen.

5. *Diskussion und Schlußfolgerungen*

Das interessanteste Resultat der in Tabelle 1 zusammengestellten Ergebnisse ist die unterschiedliche Reihenfolge der Accessibilität für die drei angewendeten Deuterierungsmedien, die man für die nativen und die regenerierten Celluloseproben findet. Dies bedeutet, daß nicht nur ein quantitativer, sondern auch ein qualitativer Unterschied zwischen den oft als amorph bezeichneten zugänglichen Bereichen beider Cellulosearten besteht. Dieser Unterschied kommt auch in der Beobachtung zum Ausdruck, daß die OD-Valenzschwingungsbande von zugänglicher nativer Cellulose um etwa 20 cm^{-1} zu niedrigeren Frequenzen verschoben ist als bei regenerierter Cellulose [2, 11, 12]. Diese Verschiebung wird mit der größeren Packungsdichte in der nativen Cellulose erklärt, die stärkere Wasserstoffbrücken zur Folge hat. Die Accessibilitätsmessungen zeigen, daß in den Bereichen mittlerer Ordnung, die durch unsere Untersuchungen differenziert werden können, die nativen und die regenerierten Proben ein wesentlich verschiedenes System von Wasserstoffbrükken haben. In den nativen Cellulosen wird das Wasserstoffbrückensystem von Methanol weniger leicht aufgebrochen als von Äthanol. In den Regeneratcellulosen scheinen dagegen die Molekülgröße und die Quellfähigkeit die ausschlaggebende Rolle zu spielen, so daß die erwartete Reihenfolge der Accessibilitätswerte gefunden wird.

Es besteht demnach kein eindeutiger Zusammenhang zwischen dem Quellwert und der Accessibilität von Cellulose für verschiedene Flüssigkeiten. *Schwabe* und *Philipp* [13] fanden an nativem Zellstoff für Methanol einen nahezu doppelt so großen Quellwert wie für Äthanol, während nach unseren Messungen die Accessibilität in Methanol etwas geringer ist. Andererseits ist der Quellwert in Wasser etwa drei- bis viermal so groß wie in Äthanol, obwohl die Accessibilität der Hydroxylgruppen sich für diese beiden Medien nur wenig unterscheidet.

Die unterschiedliche übermolekulare Struktur kommt auch in anderen Beobachtungen zum Ausdruck. So fand *Jeffries* [14] bei gleichzeitigen Messungen der Wassersorption und der Accessibilität, daß zwischen diesen beiden Größen eine lineare Beziehung besteht, die Sorptionsfähigkeit pro zugänglicher Hydroxylgruppe bei Cellulose II jedoch etwas größer als bei Cellulose I ist. Diese Feststellung finden wir bestätigt,

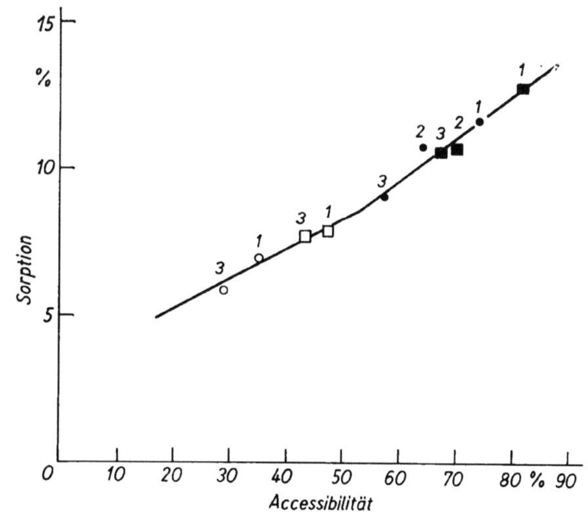

Bild 1. Zusammenhang zwischen der Wasserdampfsorption bei 20 °C und 65% relativer Luftfeuchte und der D_2O-Accessibilität

○ Baumwoll-Linters	1: Ausgangsprobe
□ Fichtensulfitzellstoff	2: 1 h äthanolysiert
• Textilviskoseseide	3: 7 h äthanolysiert
■ Cordviskoseseide	

[1]) Für die Bereitstellung und Vorbehandlung der Proben sei Herrn Dr. *Baudisch* gedankt.

wenn wir die in [5] angegebenen Sorptionswerte[2]) zur Accessibilität in Beziehung setzen (Bild 1).

Sehr charakteristisch ist der Unterschied der Accessibilitätswerte von normaler Textil- und Cordviskoseseide als Folge der unterschiedlichen Struktur in den Bereichen mittlerer Ordnung. Bei beiden Cordseiden wird ein 13 bis 15% großer Anteil gefunden, der für Methanol, aber nicht für Äthanol zugänglich ist. In normaler Textilviskoseseide liegt dieser Anteil innerhalb unserer Meßgenauigkeit, dafür ist jedoch ein größerer Anteil vorhanden, der mit Wasser, aber nicht mit Methanol deuteriert werden kann. Es erscheint verfrüht, an dieser Stelle aus den Accessibilitätsmessungen weitreichende Schlüsse auf die Struktur der Viskoseseideproben zu ziehen. Klar erkennbar ist die Tendenz, daß in den Cordseiden die Anteile mittlerer Ordnung überwiegen, während die Normalviskoseseide den größeren Anteil mit hohem Ordnungszustand hat. Die für alle in dieser Arbeit angewendeten Deuterierungsmedien zugänglichen Bereiche enthalten in den untersuchten Regeneratcellulosen etwa die gleichen Substanzmengen.

6. Zusammenfassung

Die Accessibilität von nativer und regenerierter Cellulose für Wasser, Methanol und Äthanol wurde nach der Deuteriumaustauschmethode bestimmt. Anhand der gemessenen Zugänglichkeiten können Aussagen über die Struktur der Bereiche mit mittlerem Ordnungszustand erhalten werden.

In nativen Cellulosen wurde für Äthanol eine größere Zugänglichkeit als für Methanol gefunden, während Regeneratcelluloseproben sich umgekehrt verhalten. Daraus ist auf eine unterschiedliche Struktur der accessiblen Bereiche beider Celluloscarten zu schließen.

Baumwoll-Linters verhalten sich gegenüber den Accessibilitätsmessungen wie ein Zweiphasensystem. Dagegen machen die an Zellstoff- und Viskoseseideproben erhaltenen Ergebnisse die Annahme einer Mehrphasenstruktur erforderlich. In Cordseide wird ein größerer Anteil mit mittlerer Ordnung als in normaler Textilviskoseseide gefunden, letztere enthält mehr Substanz mit hohem Ordnungsgrad.

[2]) Die Sorptionsmessungen wurde von Herrn *D. van Nghi* ausgeführt.

Literatur

[1] *Mann, J.*, und *Marrinan, H. J.*: The reaction between cellulose and heavy water. Trans. Farad. Soc. **52** (1956) S. 481—497.
[2] *Dechant, J.*: Ultrarotspektroskopische Zugänglichkeitsmessungen an Cellulose. Faserforsch. u. Textiltechnik **18** (1967) S. 239—244.
[3] *Marchessault, R. H.*, und *Howsmon, J. A.*: Experimental evaluation of the lateral-order distribution in cellulose. Textile Res. J. **27** (1957) S. 30—41.
[4] *Statton, W. O.*: The meaning of crystallinity when judged by X-rays. Polymer Symposia (1967) No. 18, S. 33—50.
[5] *Baudisch, J.*, *Dechant, J.*, *Dinh van Nghi*, *Philipp, B.*, und *Ruscher, Ch.*: Untersuchungen zur Änderung der übermolekularen Struktur von Cellulose beim äthanolytischen und hydrolytischen Abbau. Faserforsch. u. Textiltechnik **19** (1968) 2, S. 62—68.
[6] *Jeffries, R.*: An infra-red study of the deuteration of cellulose and cellulose derivatives. Polymer, London **4** (1963) S. 375—389.
[7] *Sumi, Y.*, *Hale, R. D.*, und *Rånby, B. G.*: The accessibility of native cellulose microfibrils. Tappi, New York **46** (1963) S. 126—130.
[8] *Philipp, B.*, *Baudisch, J.*, und *Ruscher, Ch.*: Strukturuntersuchungen an Celluloseregeneratfäden mit chemischen Accessibilitätsmethoden. 1. Mitt.: Erkennung von Zellstoff- und Modifikatoreinflüssen auf die Struktur von Cordreyonfäden aus dem Quellungs- bzw. Löseverlauf in alkalischen Medien. Faserforsch. u. Textiltechnik **15** (1964) 1, S. 30—39.
[9] *Philipp, B.*, und *Baudisch, J.*: Strukturuntersuchungen an Celluloseregeneratfäden mit chemischen Accessibilitätsmethoden. 2. Mitt.: Erkennung von Zellstoff- und Modifikatoreinflüssen auf die Struktur von Cordreyon-Fäden mittels Umsetzungen im sauren Medium. Faserforsch. u. Textiltechnik **16** (1965) 4, S. 173—180.
[10] *Dechant, J.*: Eine Methode zur Bestimmung der Zugänglichkeit von Cellulose durch Deuteriumaustausch. Faserforsch. u. Textiltechnik **18** (1967) 6, S. 263—265.
[11] *Mann, J.*: Modern methods in determining crystallinity in cellulose. Pure appl. Chem. **5** (1962) S. 91—105.
[12] *Heritage, K. J.*, *Mann, J.*, und *Roldan-Gonzalez, L.*: Crystallinity and structure of celluloses. J. Polymer Sci. **A1** (1963) S. 671—685.
[13] *Schwabe, K.*, und *Philipp, B.*: Zur Kinetik der Dampfsorption, Quellung und Flüssigkeitsaufsaugung der Cellulose. Holzforsch. **8** (1954) S. 1—12.
[14] *Jeffries, R.*: The amorphous fraction of cellulose and its relation to moisture sorption. J. appl. Polymer Sci **8** (1964) S. 1213—1220.

Eingegangen am 26. April 1968

Über den Einfluß des Ordnungsgrades auf die Glasumwandlungstemperatur von Polyäthylenterephthalat

Horst Henkel und Ernst Wiesener

125. Mitteilung aus dem Institut für Textiltechnologie der Chemiefasern, Rudolstadt-Schwarza (Direktor Dipl.-Ing. H. Bürger)

DK 678.674'524'420:539.26:536.42:543.226

Die Abhängigkeit der Glasumwandlungstemperatur vom Ordnungsgrad wird mit Hilfe von dielektrischen und thermoanalytischen Messungen untersucht. Für die Deutung der gefundenen Zusammenhänge werden u. a. die Ergebnisse von Röntgenkleinwinkel-Untersuchungen herangezogen.

К влиянию степени ориентации на температуру стеклования полиэтилентерефталата (ПЭТ)

При применении диэлектрических и термоаналитических методов изучена зависимость температуры стеклования от степени ориентации. Для интерпретации полученных результатов использованы, кроме того, данные по рассеянию рентгеновских лучей под малым углом.

On the Effect of the Degree of Orientation on the Second Order Transition Temperature of Poly(ethylene Terephthalate)

The effect of the degree of orientation of PET on the second order transition temperature has been investigated using dielectric and thermoanalytic methods. The interpretation of the results is assisted by small angle X-ray data.

1. *Einleitung*

In einer Reihe von Veröffentlichungen wurde bereits nachgewiesen, daß die Glasumwandlungstemperatur des Polyäthylenterephthalats (PÄT) vom Ordnungsgrad abhängig ist. In den meisten Fällen wurden jedoch nur Untersuchungsergebnisse an einer amorphen und an einer kristallisierten Probe mitgeteilt. Für amorphes PÄT findet man Werte zwischen 67 und 70 °C [1 bis 4], während für kristallisierte Proben 79 bis 81 °C angegeben werden [5, 6, 2].

Weniger bekannt ist die Tatsache, daß die Glasumwandlungstemperatur mit steigendem Ordnungsgrad ein ausgeprägtes Maximum durchläuft, wie *Illers* und *Breuer* [7] mit Hilfe von mechanischen Schwingungsversuchen nachweisen konnten.

In dem vorliegenden Beitrag soll über dielektrische und thermoanalytische Meßergebnisse an PÄT-Proben unterschiedlichen Ordnungsgrades berichtet werden.

2. *Versuchsdurchführung*

2.1. *Probenvorbereitung*

Amorphe, unmattierte PÄT-Bänder wurden jeweils 2 h unter Siliconöl bei folgenden Temperaturen getempert: 81, 95, 100, 122, 142, 161, 180, 200, 223, 240 °C.

Die Proben wurden nach der Temperung in Wasser von 15 °C abgeschreckt und unter gleichzeitiger Kühlung mit Trockeneis gemahlen.

2.2. *Thermoanalytische Untersuchungen*

250 mg der Siebfraktion < 0,4 mm wurden im Derivatographen zusammen mit 357 mg α-Aluminiumoxid als Inertmaterial im Temperaturbereich von 20 bis 300 °C untersucht. Die Aufheizgeschwindigkeit betrug 3 grd/min bei der höchsten DTA-Empfindlichkeit (1/1).

2.3. *Dielektrische Untersuchungen*

Die dielektrischen Untersuchungen wurden mit einer Verlustfaktor-Meßbrücke Typ VKB der Fa. Rohde und Schwarz durchgeführt. Als Meßkondensator diente das Flüssigkeitsmeßgefäß Typ KMF der gleichen Herstellerfirma.

An jeweils 5 g des sorgfältig getrockneten Probenmaterials wurde bei einer Meßfrequenz von 100 Hz im Temperaturbereich von 20 bis 115 °C der Verlustfaktor tgδ gemessen. Die Aufheizgeschwindigkeit betrug etwa 1 grd/min.

2.4. *Bestimmung des Ordnungsgrades*

Als Maß für den Ordnungsgrad der getemperten Proben wurde die Dichte verwendet. Die Dichtemessung erfolgte nach einer Schwebemethode mit Temperaturvariation. Als Immersionsmittel diente ein Gemisch von Tetrachlorkohlenstoff und Benzol.

3. *Meßergebnisse*

Bild 1 zeigt die vollständige DTA-Kurve der unbehandelten PÄT-Probe. Bei 71 °C zeigt sich eine deutliche Deflektion, die dem Glasumwandlungsvorgang zuzuordnen ist. Der exotherme Peak bei 105 °C entspricht der Kristallisation aus dem Glaszustand und der endotherme Peak mit seinem Maximum bei 260 °C dem Schmelzen. Die meisten Autoren bestimmen die Glasumwandlungstemperatur an der in Bild 1 mit T_G bezeichneten Stelle [8 bis 11]. Die hier einsetzende deutliche Deflektion der DTA-Grundlinie ist auf eine sprunghafte Erhöhung der spezifischen Wärme zurückzuführen und entspricht damit der thermodynamischen Definition der Glasumwandlung. Das Ausmaß der Deflektion ist dementsprechend unter reproduzierbaren Versuchsbedingungen (konstante Einwaage, gleiche Substanz u. a.) dem beim Überschreiten der Glasumwandlungstemperatur „auftauenden" Massenanteil der polymeren Substanz proportional.

Bild 2 zeigt die Verlustwinkelkurve der unbehandelten Probe. Das ausgeprägte Maximum entspricht der Hauptkettendispersion, die nach *Reddish* [12] auf Molekül-

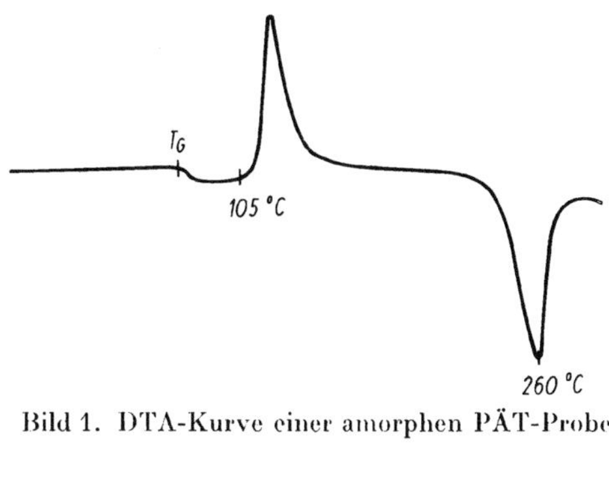

Bild 1. DTA-Kurve einer amorphen PÄT-Probe

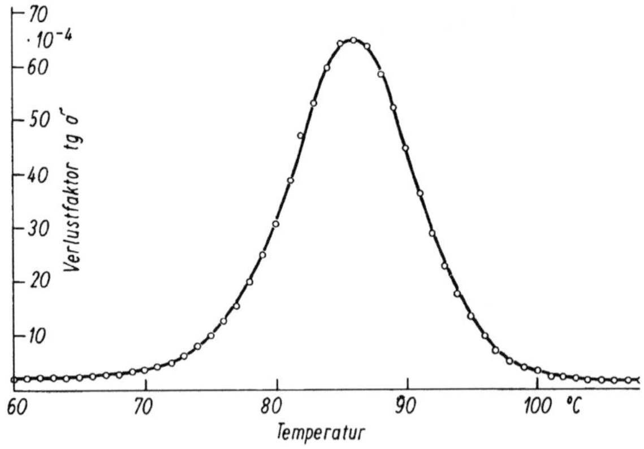

Bild 2. Abhängigkeit des Verlustfaktors (Mischkörperwert) einer amorphen PÄT-Probe von der Temperatur

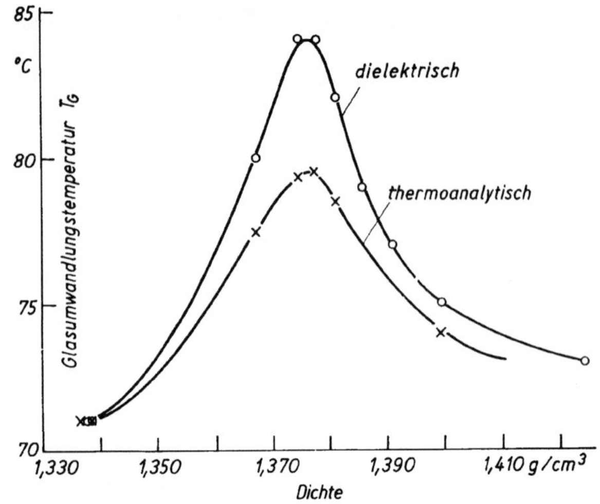

Bild 3. Abhängigkeit der dielektrisch und thermoanalytisch ermittelten Glasumwandlungstemperaturen von der Dichte der PÄT-Proben

rotation um die Ester-Benzolring-Bindung zurückzuführen ist. Die Temperatur des Maximums kennzeichnet die Glasumwandlungstemperatur bei 100 Hz. Die Lage des Maximums erhöht sich nach *Reddish* um etwa 7,5 grd pro Frequenzdekade.

Die Höhe oder exakter die Fläche unter der Verlustfaktor/Temperatur-Kurve stellt analog der Stufenhöhe auf den DTA-Kurven ein Maß für den beweglich werdenden Massenanteil des Polymeren dar.

In der Tabelle sind die Behandlungstemperaturen, die entsprechenden Dichtewerte sowie die thermoanalytisch und dielektrisch ermittelten Kenngrößen des Glasumwandlungsvorganges dargestellt.

Bild 3 stellt den Verlauf der mit beiden Meßmethoden ermittelten Glasumwandlungstemperaturen in Abhängigkeit vom Ordnungsgrad dar, wobei die Temperatur am Verlustmaximum nach der oben angeführten Verschiebungsbeziehung auf einen quasistatischen Frequenzwert von 1 Hz umgerechnet wurde.

4. *Diskussion der Meßergebnisse*

Aus der Tabelle ist ersichtlich, daß sich die Dichte des PÄT durch eine Behandlung bei 81 bzw. 95°C gegenüber dem Ausgangszustand noch nicht verändert hat. Dieses Ergebnis bestätigt die allgemeine Erkenntnis, daß bei PÄT merkliche Kristallisationsgeschwindigkeiten erst 20 bis 30 grd oberhalb der Glasumwandlungstemperatur zu beobachten sind. Es ist deshalb auch verständlich, daß sich die Glasumwandlungstemperaturen der bei 81 und 95°C getemperten Proben nicht geändert haben. Bemerkenswert ist jedoch, daß sich die Intensität der Glasumwandlung nach beiden Meßmethoden bei diesen Temperaturbehandlungen deutlich erniedrigt hat.

Wir deuten diese Erscheinung damit, daß sich bereits vor der eigentlichen, makroskopisch nachweisbaren Kristallisation Vorordnungszustände ausbilden, in denen die Molekülbeweglichkeit offensichtlich durch starke Wechselwirkungskräfte deutlich herabgesetzt ist. Diese Hypothese wird auch dadurch gestützt, daß sich die Höhen bzw. Flächen der Kristallisationspeaks im Derivatogramm bei diesen Proben um ca. 20 bzw. 50% gegenüber dem Ausgangsmaterial verringern. Ein exakter Beweis für die Richtigkeit dieser Hypothese steht allerdings noch aus.

Bei Temperungen oberhalb 100°C steigt die Dichte mit zunehmender Kristallisationstemperatur, ähnlich wie von anderen Autoren bereits gezeigt [3, 7, 4], laufend an, während die Glasumwandlungstemperaturen analog den mechanischen Untersuchungen von *Illers* und *Breuer* ein ausgeprägtes Maximum bei einer Dichte

Tabelle 1. Die Glasumwandlungstemperatur von PÄT in Abhängigkeit von der thermischen Vorbehandlung

Behandlungs-temp. [°C]	Dichte [g/cm³]	DTA-Meßwerte: Temp. bei der Glasumwandlg. [°C]	DTA-Meßwerte: Deflektion von der DTA-Grundlinie [mm]	Dielektrische Meßwerte: Temp. des tgδ-Maximums [°C]	Dielektrische Meßwerte: Höhe des tgδ-Maximums × 10⁴	Langperioden [Å]
Unbehandelt	1,3384	71	5,5	86	65	—
81	1,3374	71	4,3	86	50	—
95	1,3373	71	1,5	—	—	—
100	1,3673	77,5	—	95	22	—
110	1,3710	—	—	—	—	116
122	1,3746	79,3	—	99	17	116
142	1,3776	79,5	—	99	13,5	127
161	1,3810	78,5	—	97	13	144
180	1,3855	—	—	94	15	145
200	1,3909	—	—	92	15,5	151
223	1,3939	74	—	90	11,5	162
240	1,4242	—	—	88	8	169

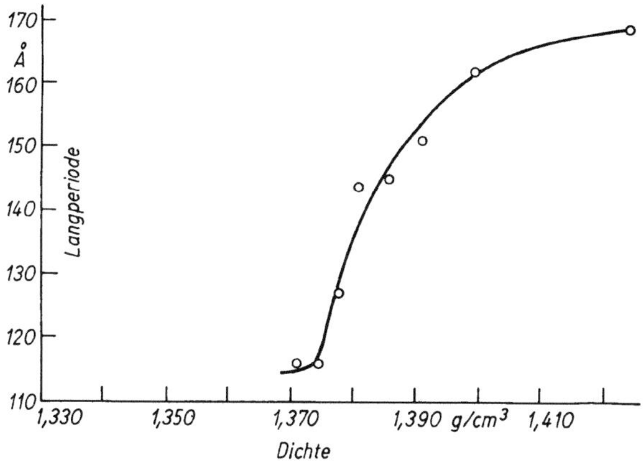

Bild 4. Zusammenhang zwischen der Dichte und der Langperiode an PÄT

um 1,375 g/cm³ zeigen. Die nahezu quantitative Übereinstimmung zwischen den thermoanalytisch und den dielektrisch bestimmten Glasumwandlungstemperaturen ist in Anbetracht der Verschiedenartigkeit der Meßprinzipien überraschend.

Die Zunahme der Glasumwandlungstemperatur mit steigendem Ordnungsgrad wird bekanntlich mit der Molekülverspannung durch die kristallinen Bereiche gedeutet. Im Sinne dieser Deutung mußte die Erniedrigung der Glasumwandlungstemperatur bei hohen Ordnungsgraden auf eine Verminderung dieser Verspannungen zurückzuführen sein. Das ist aber nur denkbar, wenn sich trotz steigendem Ordnungsgrad die Zahl der kristallinen „Vernetzungspunkte" verringert. Im Modellbild bedeutet dies die Ausbildung einer Zweiphasenstruktur aus gut und schlecht geordneten Bereichen. Diese Annahme wird durch den in Bild 4 dargestellten Verlauf der Langperiode (ermittelt in einer Röntgenkleinwinkel-Kammer nach *Kiessig*) in Abhängigkeit von der Dichte sowie durch die Erfahrungstatsache gestützt, daß die Accessibilität des PÄT z. B. gegenüber Farbstoffen mit steigendem Ordnungsgrad durch ein Minimum läuft.

Die Höhe des tgδ-Maximums zeigt als Maß für die Menge der einstellbaren Dipole im wesentlichen einen Abfall mit steigendem Ordnungsgrad, wobei feinere Differenzierungen allein aus der Höhe des Maximums nicht möglich sind. Die Deflektion in der DTA-Grundlinie ist nur bis zur Behandlungsstufe 95 °C als „Sprung" auswertbar. Bei höheren Behandlungstemperaturen tritt auf den DTA-Kurven lediglich ein leichter Knick auf.

Literatur

[1] *Dole, M.*: Kalorimetrische Studien über Zustände und Umwandlungen in festen Hochpolymeren. Fortschr. Hochpolymeren-Forsch. **2** (1960) 2, S. 221–274.

[2] *Kolb, H. J.*, und *Izard, E. F.*: Dilatometric studies of high polymers. I. The second-order transition temperature. J. appl. Physics **20** (1949) S. 564–570.

[3] *Kilian, H.-G.*, *Halboth, H.*, und *Jenckel, E.*: Röntgenographische Untersuchungen des Schmelz- und Kristallisationsverhaltens von Polyterephthalsäureglykolester. Kolloid-Z. **172** (1960) 2, S. 166–177.

[4] *Cobbs, W. H.*, und *Burton, R. L.*: Crystallization of polyethylene terephthalate. J. Polymer Sci. **10** (1953) 3, S. 275–290.

[5] *Würstlin, F.*: in: *H. A. Stuart*: Physik der Hochpolymeren, Bd. III, S. 646. Berlin/Heidelberg/Göttingen: Springer 1955.

[6] *Dole, M.*: Thermodynamic properties of high polymers as a function of their pretreatment as determined by specific heat measurements. Kolloid-Z. **165** (1959) 1, S. 40–51.

[7] *Illers, K. H.*, und *Breuer, H.*: Molecular motions in polyethylene terephthalate. J. colloid. Sci. **18** (1963) S. 1–13.

[8] *Simo, R.*: Die Differential-Thermoanalyse und ihre Anwendung beim Studium von Polymeren. Chem. Vlakna, Svit (Chem. Fasern) (1962) 2, S. 101–111.

[9] *Schwenker, R. F.*, und *Beck, L. R.*: The differential thermal analysis of textile and other high polymeric materials. Textile Res. J. **30** (1960) 8, S. 624–626.

[10] *Keavney, J. J.*, und *Eberlein, E. C.*: The determination of glass transition by differential thermal analysis. J. appl. Polymer Sci. **3** (1960) 7, S. 47–53.

[11] *Grmela*, Beobachtungen des Schmelzens, Glasigwerdens und der Kristallisation von Polymeren mit DTA. Chem. Prům., Praha (Chem. Ind.) **15** (1965) 6, S. 347–351.

[12] *Reddish, W.*: The dielectric properties of polyethylene terephthalate. Trans. Faraday Soc. **46** (1950) S. 459 bis 475.

Eingegangen am 16. April 1968

Modellversuche zum Chemismus der thermischen Stabilisierung von Polyäthylenterephthalat mit Phosphorsäureestern[1])

Heinz Zimmermann

Deutsche Akademie der Wissenschaften zu Berlin,
Institut für Faserstoff-Forschung in Teltow-Seehof, Analytische Abteilung

DK 678.674'524'420:678.6.021.122:536.495:547.26'118.5—325

Zur Aufklärung der thermostabilisierenden Wirkung von Phosphorsäureestern in PÄT-Schmelzen wurden Modellversuche unternommen, in denen die Beeinflussung der metallionenkatalysierten thermischen Spaltung von Äthylenglykoldibenzoat durch Triphenylphosphat und -phosphit untersucht wurde. Andere Versuche dienten der präparativen Isolierung der Folgeprodukte von modellmäßigen Stabilisatorreaktionen. Die Ergebnisse zeigen, daß durch Bildung von katalytisch inaktiven Metallphosphaten und -phosphiten die von Umesterungskatalysatoren hervorgerufene Verstärkung der Abbaureaktionen des PÄT verhindert wird.

Модельные опыты по химизму термической стабилизации полиэтилентерефталата эфирами фосфорной кислоты

Для выяснения термостабилизирующего действия эфиров фосфорной кислоты в расплавах ПЭТ проведены модельные опыты, в которых изучалось влияние трифенилфосфата и трифенилфосфита на катализированное ионами металлов термическое расщепление этиленгликольдибензоата. Кроме того, выделены продукты модельных реакций при стабилизации. Полученные данные показывают, что образование каталитически неактивных фосфатов и фосфитов металлов предотвращает усиление деструкции ПЭТ, вызываемое катализаторами переэтерификации.

Model Experiments on the Mechanism of Thermostabilisation of Poly(ethylene Terephthalate) by Phosphoric Acid Esters

To establish the stabilisation effect of phosphoric acid esters in PET melts, model experiments have been performed in which the influence of triphenyl phosphate and phosphite on the thermal scission of ethylene glycol dibenzoate catalysed by metal ions was investigated. In additional experiments the products formed in model reactions of stabilizers were separated. The data obtained proved the formation of inactive metal phosphates and phosphites to counteract the acceleration of degradation of PET caused by transesterification catalysts.

1. *Einleitung*

Durch die hohe thermische Belastung des Polyäthylenterephthalats (PÄT) während der Herstellung und Verarbeitung können Abbaureaktionen hervorgerufen werden, die die Eigenschaften des Polyesters in negativer Weise verändern. Aus Publikationen und Patentschriften (vgl. dazu [1]) ist bereits seit langem bekannt, daß der thermische Abbau des PÄT bzw. seine Auswirkungen, wie z. B. Verfärbungen u. a., durch Phosphorsäuren und Derivate dieser Säuren beeinflußt werden können. Die erzielten Effekte sind von Art und Menge der Phosphorverbindungen, dem Zeitpunkt ihres Zusatzes während des Polykondensationsprozesses usw. abhängig.

2. *Verbesserung der Thermostabilität von PÄT-Schmelzen durch Zusatz von Triphenylphosphat*

Wir hatten ebenfalls ein Stabilisierungsverfahren ausgearbeitet, das auf der Verwendung einer Katalysator/Stabilisator-Kombination basiert, die aus einer Mangan- oder Kobaltverbindung als Umesterungskatalysator, einer Antimonverbindung als Polykondensationskatalysator und Triphenylphosphat oder -phosphit als Stabilisator besteht [1, 2]. Ausgegangen waren wir dabei von der Kenntnis, daß die als Umesterungs- und Polykondensationskatalysatoren verwendeten Metallderivate den thermischen Abbau in unterschiedlich starkem Maße fördern [1, 3, 4], wobei Antimonverbindungen in dieser unerwünschten Weise katalytisch nur wenig wirksam sind. Da Antimonverbindungen die Umesterung des Dimethylterephthalats (DMT) mit Äthylenglykol nicht katalysieren, muß für diese erste Reaktionsstufe ein anderer Katalysator verwendet werden, dessen sonst unvermeidliche negative Nebenwirkungen während der Polykondensation jedoch durch Zugabe der genannten Phosphorsäureester unterbunden werden können.

Als Erklärung für die Wirkungsweise der Phosphorsäureester hatten wir die Bildung von Metallphosphaten bzw. -phosphiten postuliert, die sowohl hinsichtlich der Aufbau- als auch der Abbaureaktionen katalytisch inaktiv sind. Bild 1 zeigt den Polykondensationsverlauf von Bis-(2-hydroxyäthyl)-terephthalat (DGT) (Zunahme der rel. Lösungsviskosität) in Abhängigkeit von verschiedenen Metallverbindungen und dem Zusatz von Triphenylphosphat (TPPat). Die Katalysatormenge betrug $3 \cdot 10^{-4}$ mol/mol DGT, die Stabilisatormenge $6 \cdot 10^{-4}$ mol/mol DGT. Die inhibierende Wirkung des Triphenylphosphates und zum anderen die katalytische Inaktivität der als Modell für mögliche Katalysatorfolgeprodukte dem Bis-(2-hydroxyäthyl)-terephthalat zugesetzten Metallphosphate ist klar ersichtlich. Ebenso deutlich ist zu sehen, daß der Polykondensationsverlauf in Gegenwart von Antimonacetat durch das Triphenylphosphat nicht beeinflußt wird.

Von verschiedenen Autoren wird jedoch die Ansicht vertreten, daß die Phosphorsäurederivate nicht durch Reaktion mit den Metallsalzkatalysatoren wirksam werden, sondern durch Reaktion mit den Hydroxylendgruppen, die als Ausgangspunkt des thermischen Abbaus angesehen werden [5, 6], oder durch Blockierung von Carboxylendgruppen [7].

Auf Grund der Ergebnisse von Modellversuchen zum Chemismus des thermischen Abbaus von PÄT [8], die in Übereinstimmung stehen mit den Versuchsergeb-

[1]) Auszugsweise vorgetragen auf der Internationalen Konferenz „Chemical Transformations of Polymers" in Bratislava/ČSSR, 25. bis 27. Juni 1968.

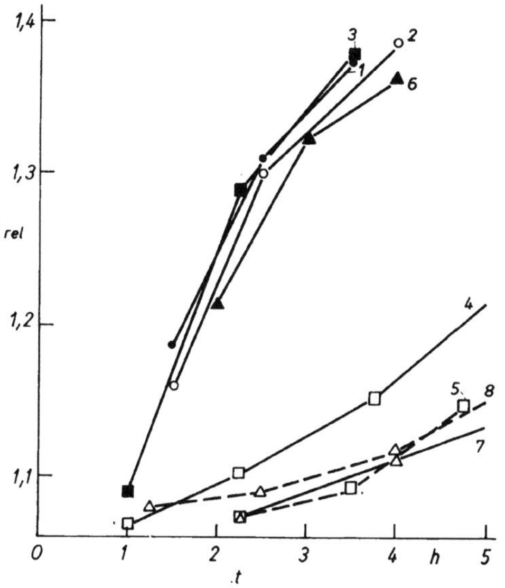

Bild 1. Geschwindigkeit der Viskositätszunahme von PÄT bei Verwendung verschiedener Polykondensationskatalysatoren

1 •—• $Sb(CH_3COO)_3$
2 ○—○ $Sb(CH_3COO)_3$ + Triphenylphosphat
3 ■—■ $Co(CH_3COO)_2$
4 □—□ $Co(CH_3COO)_2$ + Triphenylphosphat
5 □--□ $Co_3(PO_4)_2 \cdot 8\,H_2O$
6 ▲—▲ $Mn(CH_3COO)_2$
7 △—△ $Mn(CH_3COO)_2$ + Triphenylphosphat
8 △--△ $MnNH_4PO_4 \cdot H_2O$

nissen anderer Autoren [9] und diese ergänzen, halten wir es für ausgeschlossen, durch eine Endgruppenblockierung des PÄT eine Verbesserung der thermischen Stabilität zu erreichen. Der Initialschritt des thermischen Abbaus besteht in einer statistisch eintretenden, von den Katalysatoren in verschieden starkem Maße beschleunigten Kettenspaltung unter Bildung einer Vinylester- und einer Carboxylgruppe. Solange die Endgruppen des PÄT überwiegend als Hydroxylgruppen vorliegen, werden die Vinylesterendgruppen durch diese wieder umgeestert; der Vinylalkohol entweicht als Acetaldehyd. Dabei wird wieder ein normales Polyesterkettenglied gebildet, so daß, summarisch gesehen, statt einer Hydroxyl- nun eine Carboxylendgruppe vorhanden ist, die Zahl der Polyesterketten und der Durchschnittspolymerisationsgrad jedoch gleich geblieben sind. Damit dieser Reaktionsablauf, der nach außen als thermische Stabilität der PÄT-Schmelze zur Auswirkung kommt, über einen längeren Zeitraum gewährleistet ist, dürfen die Hydroxylendgruppen daher nicht blockiert werden, sondern die Polykondensation muß im Gegenteil unter solchen Bedingungen durchgeführt werden, daß die dem jeweiligen Polymerisationsgrad entsprechenden Endgruppen in überwiegender Zahl und möglichst lange aus Hydroxylgruppen bestehen. Nur so kann die Polyesterkette nach den unabhängig von der Polykondensationsreaktion ablaufenden, thermisch bedingten Kettenspaltungen wieder regeneriert werden. Die Zahl der zu kompensierenden Kettenspaltungen — das bedeutet mit anderen Worten die Abbaukatalyse der Metallverbindungen — muß daher während der Polykondensation niedrig gehalten werden. Wir sind der Ansicht, daß das durch diePhosphorsäurederivate bewirkt wird.

3. *Modellreaktionen*

Die Katalyseinhibierung der Kettenspaltung war zumindest indirekt bereits früher durch den Nachweis der wesentlich geringeren Zunahme der Carboxylendgruppen bei Polykondensationen in Gegenwart von Triphenylphosphat oder -phosphit wahrscheinlich gemacht [1]. Um weitergehende Beweise für den Chemismus der Stabilisatorwirkung zu erhalten, haben wir Modellversuche unternommen, die es erlauben, in einem analytisch und präparativ besser zugänglichen Bereich zu arbeiten, als es mit dem Polymeren selbst möglich ist.

3.1. *Beeinflussung der durch die Katalysatoren geförderten Esterspaltung*

Wenn die Phosphorsäureester tatsächlich durch Blokkierung der Metallsalzkatalysatoren ohne Beteiligung von Hydroxylendgruppen wirksam werden, muß sich die Verminderung der Esterspaltung auch an geeigneten Modellestern nachweisen lassen. Als Modellverbindung für ein charakteristisches Segment der PÄT-Kette wählten wir wieder wie bei den Modellversuchen zum thermischen Abbau von PÄT [8] Äthylenglykoldibenzoat; es wurde auch die dort beschriebene Apparatur verwendet.

Das Äthylenglykoldibenzoat (DB) wurde in Gegenwart von $1{,}5 \cdot 10^{-3}$ mol Katalysator/mol DB 5 h auf 290 °C ± 0,5 grd erhitzt; in Parallelversuchen wurden außer dem Katalysator noch $3 \cdot 10^{-3}$ mol Triphenylphosphat (TPPat) bzw. Triphenylphosphit (TPPit) pro Mol DB zugesetzt. Während der Reaktion wurden 3 l/h getrockneter Reinststickstoff durch die Schmelze und anschließend zur Absorption von Acetaldehyd durch eine 2,4-Dinitrophenylhydrazin-Lösung geleitet. Nach Beendigung der Versuche wurden die in dem Äthylenglykoldibenzoat durch die Pyrolyse entstandene Benzoesäure und das Benzoesäureanhydrid titrimetrisch, der Acetaldehyd als Dinitrophenylhydrazon gravimetrisch bestimmt.

Der Acetaldehyd kann durch Zerfall des durch teilweise Readdition von Benzoesäure und Vinylbenzoat entstandenen Äthylidendibenzoats gebildet werden. Als zweites Reaktionsprodukt entsteht dabei Benzoesäureanhydrid. Da sich das Verhältnis von Säure zu Anhydrid durch Folgereaktionen aber verändern kann, wurde nur der für die Beurteilung der Stärke des thermischen Abbaus wichtige Gesamtsäuregehalt angegeben.

In Tabelle 1 sind die Versuchsergebnisse zusammengestellt. Die Meßwerte zeigen deutlich, daß die von den Metallverbindungen hervorgerufene Beschleunigung der Esterspaltung durch das Triphenylphosphat und das Triphenylphosphit unterbunden wird. Wenn man die Fehlergrenze der Säuretitration berücksichtigt, die unter den vorgegebenen Bedingungen etwa 10 µÄqu. beträgt, und wenn man außerdem bedenkt, daß durch die vorgelagerten Reaktionen zwischen den Phosphor-

Tabelle 1. Einfluß von Triphenylphosphat bzw. -phosphit auf die metallionenkatalysierte thermische Spaltung von Äthylenglykoldibenzoat

Katalysator	Säure [μ Äqu/g DB]	Aldehyd [μ Mol/g DB]
—	87	—
— + TPPat	101	—
Sb-Glykolat	128	—
Sb-Glykolat + TPPat	105	—
Co-Acetat	265	53
Co-Acetat + TPPat	136	15
Co-Acetat + TPPit	112	—
Mn-Acetat	170	34
Mn-Acetat + TPPat	109	—
Mn-Acetat + TPPit	101	—

säureestern und den Metallsalzen einige Zeit vergeht, bevor die Katalysatorblockierung voll wirksam wird, kann man konstatieren, daß die Esterspaltungen auf ein Maß reduziert werden, wie es auch bei einem katalysatorfreien Äthylenglykoldibenzoat thermisch bedingt ist.

Da Äthylenglykoldibenzoat eine echte Modellverbindung für die Polyesterkette ist und die Abstufung in der Abbauaktivierung durch die verschiedenen Katalysatoren die gleiche ist, wie sie vom thermischen Abbau des PÄT bekannt ist, können die Ergebnisse der Modellreaktionen auf den Polyester übertragen werden. Die Phosphorsäureester verändern demnach bei Zusatz in der angegebenen geringen Menge nicht im eigentlichen Sinne die thermische Stabilität der (reinen) chemischen Verbindung „Polyäthylenterephthalat“, sondern sie unterbinden die *zusätzliche Verstärkung* des thermischen Abbaus, der durch die Umesterungs- und Polykondensationskatalysatoren hervorgerufen wird, so daß das thermische Verhalten des PÄT in Gegenwart von Phosphorverbindungen etwa dem entspricht, das man von einem hypothetischen katalysatorfreien Polyester erwarten könnte.

3.2. Reaktion von Phosphorsäureestern mit Metallsalzen

Um einen Einblick in das Reaktionsgeschehen zwischen den Katalysatoren und den Phosphorsäureestern zu bekommen, haben wir in weiteren Modellreaktionen Mangan- bzw. Kobaltacetat mit Triphenylphosphat oder -phosphit in Äthylenglykol 3 h bei einer Heizbadtemperatur von 200 °C erhitzt.

Als Modell für eine u. U. in das Reaktionsgeschehen mit einbezogene Polyesterendgruppe wurde bei einem Teil der Versuche zusätzlich Äthylenglykolmonobenzoat eingesetzt.

Unter den Bedingungen der technischen Herstellung von PÄT werden die Phosphorsäureester dem Reaktionsgemisch nach der Umesterung des DMT zugesetzt, zu einem Zeitpunkt also, zu dem die Reaktionstemperatur ebenfalls um etwa 200 °C liegt und zum anderen auch noch eine im Vergleich zum Stabilisator große Menge Äthylenglykol vorhanden ist. Die von uns gewählten Versuchsbedingungen sind demnach den realen Bedingungen ausreichend ähnlich, um einen Vergleich und die Übertragung von Versuchsergebnissen zu erlauben.

3.2.1. Modellversuche mit Triphenylphosphat

Bei der Reaktion der Metallacetate mit Triphenylphosphat entstehen Gemische von Metallphosphaten, die zum Teil Glykolesterstrukturen enthalten. Es ist schwierig, die Phosphate getrennt als definierte Produkte zu isolieren. Eine Reinigung durch Umkristallisation ist kaum möglich, zum anderen müssen längere Behandlungen mit Wasser vermieden werden, da sonst die Gefahr der Hydrolyse von Phosphorsäureesterbindungen besteht. Auf Grund ihrer unterschiedlichen Löslichkeiten in Äthylenglykol, Methanol und Wasser gelang jedoch eine weitgehende Auftrennung in Metallphosphate, die nach ihrem in zahlreichen Versuchen immer wiederkehrendem Verhältnis von Metall zu Phosphor drei Typen zugeordnet werden können:

(Me = Mangan, Kobalt)

$$\text{A:}\quad \left[-\text{O}-\underset{\text{O}^{(-)}}{\overset{\text{O}}{\overset{\|}{\underset{|}{\text{P}}}}}-\text{OCH}_2\text{CH}_2\text{O}-\underset{\text{O}^{(-)}}{\overset{\text{O}}{\overset{\|}{\underset{|}{\text{P}}}}}-\text{OCH}_2\text{CH}_2 \right]_n^{\quad \text{Me}^{(++)}} - ;$$

$$\text{B:}\quad \text{MePO}_3(\text{OCH}_2\text{CH}_2\text{OH});$$

$$\text{C:}\quad \text{Me}_3(\text{PO}_4)_2.$$

Das Mengenverhältnis der drei Typen zueinander ist davon abhängig, ob das Triphenylphosphat in äquimolarer Menge auf die Metallacetate einwirkt, oder, wie es bei der praktischen Anwendung des Stabilisierungsverfahrens meist geschieht, in doppelter Menge eingesetzt wird. Im ersteren Falle werden zum größeren Teil Phosphate des Typs B, mit Kobaltacetat auch des Typs C, im zweiten Falle mehr des Typs A gebildet.

Zur Aufarbeitung wurden die Reaktionsansätze nach dem Erhitzen jeweils in Aceton eingerührt, um die Phosphate auszufällen und Glykol, Phenol und eventuell nicht umgesetztes Triphenylphosphat zu entfernen. Die in fester oder zähschmieriger Form anfallenden Phosphatgemische wurden dann mit Wasser gewaschen, wobei die Phosphate des Typs B (Mangan) und des Typs C (Kobalt) ungelöst zurück blieben. Die im Vakuum eingedampften Filtrate, die aus Gemischen des Typs A bestanden, wurden anschließend zur Abtrennung von Glykolphosphorsäurepolyestern mit Methanol behandelt. Dabei ging auch ein Teil der Metallpolyglykolphosphate mit in Lösung.

Aus Versuchsansätzen, in denen Metallacetat und Triphenylphosphat im Verhältnis 1:2 bzw. 1:1 in Gegenwart von 25 Moläquivalenten Glykol zur Reaktion gebracht wurden, ließen sich auf diese Weise u. a. Phosphate isolieren, für die auf Grund der Analysenergebnisse folgende Formeln diskutiert werden können:

(A1)

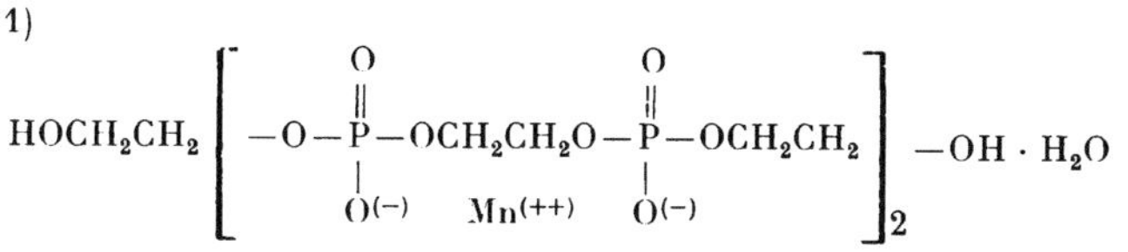

	Mn [%]	P [%]	C [%]	H [%]
Ber.:	16,1	18,2	17,6	3,5
Gef.:	16,5	18,2	17,2	4,0

(B1)

$MnPO_3(OCH_2CH_2OH) \cdot 0,5\ H_2O$

	Mn [%]	P [%]	C [%]	H [%]
Ber.:	26,9	15,1	11,8	3,0
Gef.:	26,9	14,8	11,8	2,9

(A2)

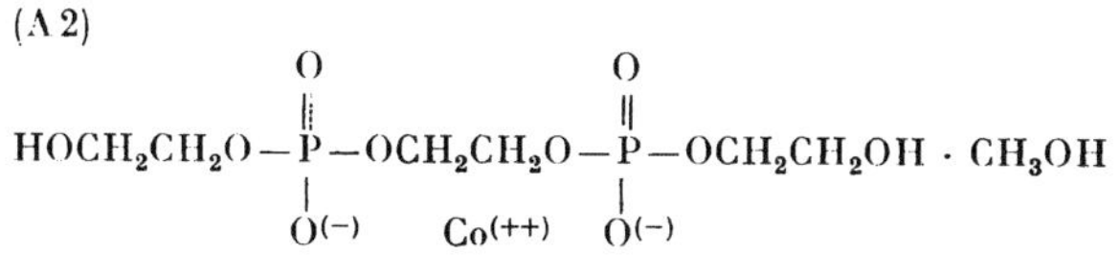

	Co [%]	P [%]	C [%]	H [%]
Ber.:	14,8	15,5	21,1	4,5
Gef.:	14,7	15,7	21,1	4,3

(C1)

$Co_3(PO_4)_2 \cdot 0,5\ HOCH_2CH_2OH$

	Co [%]	P [%]	C [%]	H [%]
Ber.:	44,5	15,6	3,0	0,8
Gef.:	44,5	15,8	2,8	1,2

(A3)

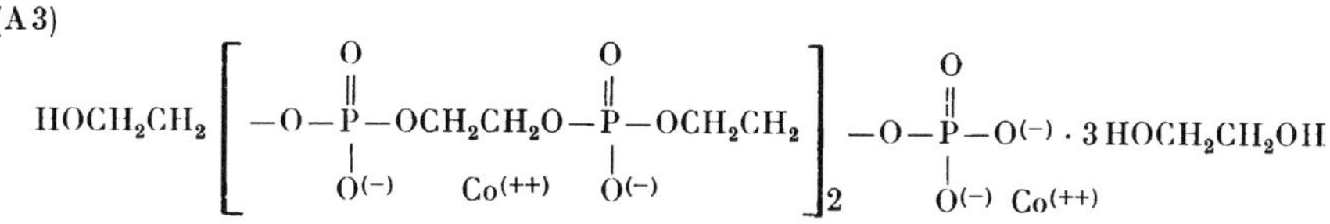

	Co [%]	P [%]	C [%]	H [%]
Ber.:	17,8	15,6	19,3	3,9
Gef.:	18,1	15,9	19,6	3,8

Diese Strukturformeln sind allein durch die Analysenwerte natürlich noch nicht streng bewiesen. Die Verbindung A3 kann z. B. auch aus einer Mischung von

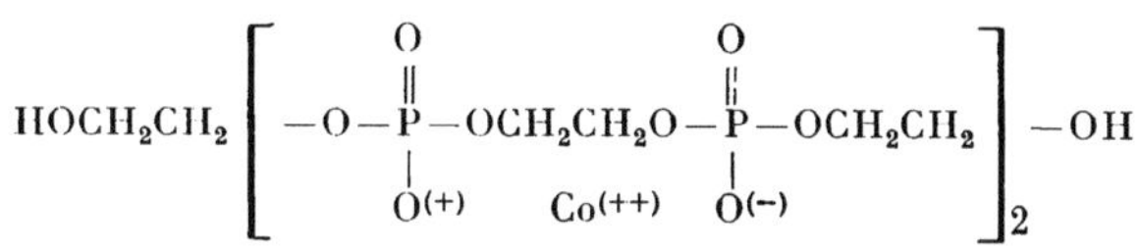

$\times\ 2\,HOCH_2CH_2OH$

und $CoPO_3(OCH_2CH_2OH)$ bestehen.

Für die hier zur Diskussion stehende Frage, in welcher Weise das Triphenylphosphat seinen Stabilisierungseffekt ausübt, ist das aber von sekundärer Bedeutung. Das Prinzip des Reaktionsablaufes und der entstehende Verbindungstyp sind deutlich erkennbar.

Ein Hinweis für die Richtigkeit der vorgeschlagenen Strukturformeln kann darin gesehen werden, daß zum Vergleich direkt aus dem Natriumsalz der β-Hydroxyläthylphosphorsäure [10] bzw. aus Polyglykolphosphorsäureestern [11] hergestellte Mangan- und Kobaltphosphate das gleiche Löslichkeitsverhalten und eine analoge analytische Zusammensetzung zeigten:

$MnPO_3(OCH_2CH_2OH) \cdot H_2O$

	Mn [%]	P [%]	C [%]	H [%]
Ber.:	25,8	14,5	11,3	3,3
Gef.:	25,9	14,2	11,4	3,5

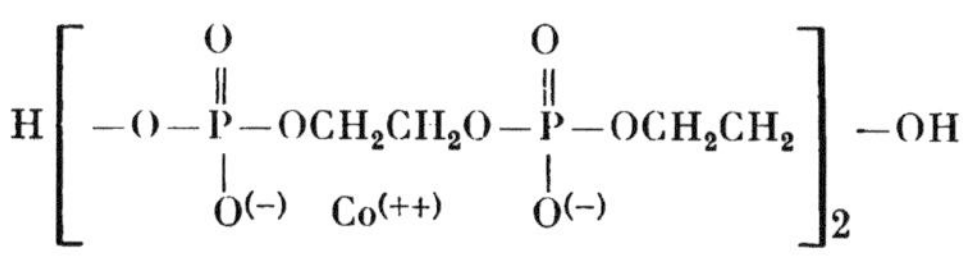

$\times\ 0,5\,CH_3OH$

	Co [%]	P [%]	C [%]	H [%]
Ber.:	18,3	19,3	15,9	3,1
Gef.:	18,2	19,1	15,6	3,4

Weitergehende Beweise müssen Arbeiten überlassen bleiben, die sich speziell mit der Chemie dieser Metallphosphatester befassen.

Die gleichen Metallphosphattypen A, B und C wurden auch bei den Versuchen isoliert, in denen neben Metallacetat, Triphenylphosphat und Äthylenglykol noch vier Moläquivalente Äthylenglykolmonobenzoat eingesetzt wurden. Es wurden keine Anzeichen dafür gefunden, daß Metallphosphate gebildet werden, die Äthylenglykolmonobenzoat als Ester gebunden enthalten, oder daß überhaupt in nennenswertem Umfang Phosphorsäureester des Äthylenglykolmonobenzoats entstehen, d. h. Reaktionen ablaufen, die einer Hydroxylendgruppenblockierung entsprechen würden.

Diese grundsätzliche Aussage gilt auch für die Versuche, in denen weniger Glykol — z. B. 5 statt 25 Moläquivalente — eingesetzt wurde. Das Äthylenglykolmonobenzoat konnte immer zu 60 bis 80% unverändert zurückgewonnen werden, der Rest war zum überwiegenden Teil zu Äthylenglykoldibenzoat kondensiert worden.

Als ein Unterschied im Reaktionsablauf wurde jedoch beobachtet, daß bei den Versuchen in Gegenwart der geringeren Menge Glykol das Triphenylphosphat nur zu etwa 30 bis 40% zum Glykolester umgesetzt wurde, wie die Bestimmung des freigesetzten Phenols ergab. Das Mengenverhältnis der entstandenen Metallphosphate entsprach in diesen Fällen dann auch mehr den Versuchen mit Metallacetat: TPPat 1:1, obwohl von einem Verhältnis 1:2 ausgegangen wurde.

In Gegenwart ausreichender Mengen Glykol verläuft die Umesterung des Triphenylphosphats relativ schnell. Bei Versuchen mit Kobaltacetat: TPPat: Äthylenglykol 1:1:25 wurde anhand des abgespaltenen Phenols der Umsatz lt. Tabelle 2 bestimmt. Die rasche Umesterung ist offensichtlich eine Folge des komplexen Reaktionsgeschehens mit den Metallderivaten. Ohne

Tabelle 2. Umesterung von Triphenylphosphat mit Äthylenglykol

Reaktionszeit [min]	Umsatz [%]
15	80
30	89
60	96

Metallacetate oder in Gegenwart nur katalytischer Mengen (z. B. 10^{-3} Moläquivalente) waren nach 60 min weniger als 10% der theoretischen Menge freies Phenol nachweisbar.

Am Rande sei noch vermerkt, daß das Acetatanion der Metallsalze in Äthylenglykolmonoacetat überführt wird, wie gaschromatographisch bewiesen werden konnte. Diese Reaktion der Metallacetate mit Äthylenglykol verläuft in den Modellversuchen fraglos auch unabhängig und zum Teil vor der Metallphosphatbildung, mit der sie nicht ursächlich in Zusammenhang steht; bei der technischen Verfahrensweise der PÄT-Herstellung ist die Reaktion, die gleichzeitig zur Bildung von Metallglykolaten führt, ja bereits während, oder richtiger gesagt, vor der DMT-Umesterung abgelaufen.

3.2.2. Modellversuche mit Triphenylphosphit

Das Triphenylphosphit reagierte prinzipiell in gleicher Weise mit den Metallacetaten wie Triphenylphosphat. Der Arylester wurde ähnlich schnell in Glykolester überführt, und es entstanden Gemische von Metallphosphiten.

Nach der Umsetzung von Manganacetat mit TPPit in Glykol im Verhältnis 1:2:50 wurde als Hauptprodukt (ca. 60%) $MnHPO_3$ erhalten; in kleinerer Menge entstanden Phosphite, die den Typen A und B der Phosphate ähnlich waren. Das Manganphosphit konnte zwar nicht in analysenreiner Form isoliert werden, wie die Gegenüberstellung der berechneten und gefundenen Werte zeigt, an der Struktur der Verbindung ist aber nicht zu zweifeln (Mn:P 1:1).

	Mn [%]	P [%]	H [%]	C [%]
Ber.:	40,75	22,98	0,74	–
Gef.:	36,85	20,85	1,44	1,06

Die geringe Beimengung eines C-haltigen Produktes konnte auch durch intensives Waschen und Trocknen nicht beseitigt werden.

Bei der Reaktion mit Kobaltacetat entstanden wahrscheinlich überwiegend Kobaltphosphit-Gemische analog des Typs A der Phosphate. Da die Reaktionsprodukte, die Co und P im Verhältnis 1:2,7 enthielten, in Wasser, Glykol und Methanol sehr leicht löslich waren, konnten die Metallsalze nicht von den vermutlich mit entstandenen metallfreien Glykolphosphorigsäureestern oder -polyestern abgetrennt werden, wie dies im Fall der Phosphate möglich war.

4. Zusammenfassende Schlußbetrachtungen

Sowohl die Ergebnisse der Modellversuche über die Beeinflussung des metallionenkatalysierten thermischen Abbaus von Äthylenglykoldibenzoat als auch der Modellversuche, die der präparativen Isolierung von Folgeprodukten der Stabilisatorreaktion dienten, beweisen unserer Ansicht nach eindeutig, daß der Chemismus der Stabilisatorwirkung in einer Reaktion der Ester der Phosphorsäuren mit den Metallsalzkatalysatoren besteht, die dabei in für Aufbau- und Abbaureaktionen katalytisch inaktive Metallphosphate bzw. -phosphite überführt werden.

Eine Blockierung von Hydroxyl- oder Carboxylendgruppen als das Wesen der Stabilisatorwirkung bestimmende Reaktion ist auf Grund der Versuchsergebnisse und auch auf Grund theoretischer Überlegungen, die von als gesichert anzusehenden Erkenntnissen über den Chemismus des thermischen Abbaus von PÄT ausgehen können, auszuschließen.

Wir haben z. B. auch bei Endgruppenbestimmungen stabilisierter und unstabilisierter PÄT-Proben mit gleicher rel. Lösungsviskosität niemals Unterschiede in der erfaßbaren Endgruppenzahl oder Abweichungen von der Viskositäts/Molekulargewichts-Beziehung gefunden.

In einer Arbeit, die sich mit dem Tritiumaustausch an PÄT befaßt [12], wird neben der Feststellung, daß keine Katalysatormetalle an die Endgruppen gebunden sind, ebenfalls bemerkt, daß auch Stabilisatoren (allerdings ohne Angabe, welche Verbindungen gemeint sind) die Endgruppen nicht zu blockieren scheinen.

Wenn wir voranstehend gesagt haben, daß keine Hinweise für eine Reaktion der Phosphorsäureester mit Äthylenglykolmonobenzoat, und damit im übertragenen Sinne mit Hydroxylendgruppen des Polyesters, gefunden wurden, wollen wir damit natürlich nicht behaupten, daß solche Reaktionen nicht auch mit ablaufen werden. Sie haben jedoch auf keinen Fall vom Chemismus her, d. h. der Blockierung von Hydroxylendgruppen, noch von ihrer quantitativ möglichen Beteiligung am Gesamtreaktionsgeschehen eine Bedeutung für die Erhöhung der Thermostabilität von PÄT-Schmelzen. Diese Schlußfolgerung kann nicht nur aus Versuchsergebnissen gezogen werden, sondern sie ergibt sich auch aus einer rechnerischen Abschätzung der bei den angewandten Mengen Phosphorsäureester zu erwartenden Effekte, wenn man das Eintreten und den Nutzen einer Hydroxylendgruppenblockierung unterstellen würde. In den Katalysator/Stabilisator-Kombinationen werden meist $6 \cdot 10^{-4}$ mol TPPat/mol DMT oder DGT verwendet. Bei vollständiger Umesterung mit Hydroxylendgruppen und keinerlei Reaktion mit Metallen könnten dann maximal 9,4 µÄqu. OH/g PÄT blockiert werden. In einem Polyester mit einem Molekulargewicht um 20000 sind jedoch ca. 70 bis 80 µÄqu. OH/g enthalten, wenn bei der Herstellung optimale Reaktionsbedingungen eingehalten wurden.

Abgesehen davon, daß ein verzweigter Polyester entstehen müßte, wäre kaum anzunehmen, daß die Blockierung von höchstens 12 bis 13% der nach dieser Hypothese für das thermische Verhalten als bestimmend angesehenen Gruppen eine entscheidende Verbesserung bewirken könnte.

5. Versuchsbeschreibung

5.1. Polykondensation

Die Polykondensation des Bis-(2-hydroxyäthyl)-terephthalats, dem die Katalysatoren und das Triphenylphosphat zuvor zugemischt wurden, erfolgte in einer gläsernen Kondensationsapparatur [1], wobei die Temperatur unter Wasserstrahlvakuum innerhalb 1 h auf 280 °C gebracht wurde; anschließend wurde bei dieser Temperatur und einem Vakuum von 0,1 bis 1 Torr weiterkondensiert.

Die rel. Lösungsviskosität der nach bestimmten Zeiten der PÄT-Schmelze entnommenen Proben wurde in Phenol/Tetrachloräthan 1:1 bei 20 °C gemessen.

5.2. Abbauversuche mit Äthylenglykoldibenzoat

Jeweils 7,5 g getrocknetes Äthylenglykoldibenzoat wurden mit Katalysatoren und mit Triphenylphosphat bzw. -phosphit vermischt und in den Reaktionsgefäßen erhitzt [8].

Nach Abschluß der Versuche wurde das Reaktionsgemisch und das im Kühler und in der Kühlfalle befindliche Material mit getrocknetem Aceton herausgelöst. In 10 ml der auf 100 ml aufgefüllten Lösung wurde durch potentiometrische Titration mit 0,1 n wäßriger NaOH der Gesamtsäuregehalt bestimmt. Aus der Differenz dieser Titration zu einer Titration mit 0,1 n Natriummethylat-Lösung wurde der Benzoesäureanhydridgehalt berechnet. Als Blindwert wurde bei den Titrationen der Laugeverbrauch einer äquivalenten Menge Äthylenglykoldibenzoat in Aceton berücksichtigt.

Die quantitative Bestimmung des Acetaldehyds erfolgte nach der Methode von *Iddles* unc *Jackson* [13].

5.3. Die Umsetzung von Triphenylphosphat bzw. -phosphit mit Mangan- oder Kobaltacetat

Das allgemeine Prinzip der Modellversuche sei an einem Beispiel erläutert.

9,95 g Äthylenglykolmonobenzoat ($6 \cdot 10^{-2}$ mol), 9,8 g Triphenylphosphat ($3 \cdot 10^{-2}$ mol), 2,6 g Manganacetat ($1,5 \cdot 10^{-2}$ mol) und 46,6 g Äthylenglykol ($7,5 \cdot 10^{-1}$ mol) wurden in einem 100 ml Zweihalskolben, der über einen Luftkühler mit einer eisgekühlten Vorlage verbunden war, 3 h unter Durchleiten eines schwachen Stickstoffstromes in einem Heizbad von 200 °C erhitzt. Ein Teil des Glykols destilliert dabei über.

Nach dem Abkühlen wurde die Reaktionsmischung in 500 ml Aceton eingerührt; dabei fiel ein weißer, zähschmieriger Niederschlag aus. Das Aceton wurde abdekantiert und mit dem Aceton vereinigt, das zum Ausspülen des Kühlers und der Vorlage benutzt worden war. Der Niederschlag wurde dann in Glykol gelöst und nochmals mit Aceton ausgefällt. Nachdem das Aceton wieder abdekantiert war, wurde der Niederschlag in Wasser gelöst und von einer geringen Menge eines unlöslichen Produktes abfiltriert, das nach der Analyse aus einem Gemisch von Manganphosphaten der Typen B und C bestand. Die wäßrige Lösung wurde im Vakuum am Rotavapor eingedampft und der Rückstand mit Methanol behandelt. Die dabei ungelöst bleibende Substanz wurde abschließend bei 100 °C in der Vakuum-Trockenpistole über P_4O_{10} getrocknet. Sie bestand in diesem Falle aus Manganphosphat des Typs A 3.

Das zum Spülen und Ausfällen benutzte Aceton wurde abdestilliert und der Rückstand im Vakuum destilliert. Die erste Fraktion destillierte bei 98 bis 104 °C/15 Torr, sie bestand aus Glykol, Phenol und Äthylenglykolmonoacetat. Jodometrisch [14] wurden 8 g = 95% Phenol bestimmt. Zur quantitativen Bestimmung des Äthylenglykolmonoacetates wurden 2 g des Destillates mit 20 ml 0,5 n NaOH 1 h im Wasserbad erhitzt und danach die beim Verseifen des Esters nicht verbrauchte Lauge mit 0,5 n H_2SO_4 zurücktitriert: 1,79 g CH_3COOH = 99%.

Die zweite Fraktion (163 bis 168 °C/15 Torr) wurde als Äthylenglykolmonobenzoat identifiziert (8,8 g = 89%).

Im Destillationsrückstand (ca. 2 g) wurden eine kleine Menge Äthylenglykoldibenzoat und Triphenylphosphat nachgewiesen; außerdem war noch eine wasserlösliche, saure reagierende Substanz enthalten, die wahrscheinlich aus einem Gemisch von mit Aceton nicht ausgefällten Glykolphosphorsäurepolyestern und ihren Mangansalzen bestand.

Für die gewissenhafte experimentelle Mitarbeit bei den zahlreichen Modellversuchen danke ich Frau *U. Charchulla.*

Literatur

[1] *Zimmermann, H.:* Chemische Untersuchungen über faserbildende Polyester. I. Über die thermische Stabilisierung von Polyäthylenterephthalat. Faserforsch. u. Textiltechnik **13** (1962) 11, S. 481—490.

[2] *Zimmermann, H., Versäumer, H.,* Teltow-Seehof: Verfahren zur Herstellung von Polyäthylenterephthalat. DWP 30 903 vom 17. 7. 62.

[3] *Schnock, G.:* Untersuchungen über die Molekulargewichtsstabilisierung von Poly-(Äthylenglykol)-Terephthalat. Dissertation Humboldt-Universität, Berlin 1960.

[4] *Petuchov, B. V.,* und *Terechova, G. M.:* Der Einfluß von Polyveresterungskatalysatoren auf die Nebenprozesse bei der Synthese des Lavsans. Chim. Volokna (Chem. Fasern) **3** (1961) 5, S. 24—27.

[5] *Terechova, G. M.,* und *Petuchov, B. V.:* Die Blockierung der Endgruppen des Polyäthylenterephthalats durch Orthophosphorsäure. Chim. Volokna (Chem. Fasern) **2** (1960) 4, S. 8—10.

[6] *Terechova, G. M., Michajlov, N. V.,* und *Tokareva, L. G.:* Einfluß von Thermostabilisatoren auf die Synthese von Polyäthylenterephthalat. Chim. Volokna (Chem. Fasern) (1964) 4, S. 28—32; dt. in: Sowj. Beitr. Faserforsch. Textiltechnik **1** (1964) 5, S. 230—236.

[7] *Alexandru, L.,* und *Petroianu, S.:* Die Untersuchung einiger Aspekte der Trocknung von Polyäthylenterephthalatgranulat. Rev. Chimie, București **13** (1962) 11, S. 675—678.

[8] *Zimmermann, H.,* und *Leibnitz, E.:* Chemische Untersuchungen über faserbildende Polyester. II. Modellversuche zum thermischen Abbau von Polyäthylenterephthalat. Faserforsch. u. Textiltechnik **16** (1965) 6, S. 282—290.

[9] *Goodings, E. P.:* Thermal degradation of polyethylene terephthalate. Soc. chem. Ind., London, Monograph 13 (1961) S. 211—228.

[10] *Bailly, O.,* und *Gaumé, J.:* Sur l'action de quelques halohydrines sur le phosphate neutre de sodium en solution aqueuse et sur quelques glycophosphates. Bull. soc. chim. France **35** (1924) S. 590—597.

[11] *Munoz, A., Vives, J.-P.,* und *Petit, J.:* Sur la polycondensation de l'acide orthophosphorique et du carbonate cyclique d'éthylèn-glycol. C. R. hebd. Séances Acad. Sci. **257** (1963) S. 1863—1866.

[12] *Chul-Yung Cha:* Tritium exchange studies on poly-(ethylene terephthalate). J. Polymer Sci., B: Polymer Letters **2** (1964) S. 1069—1073.

[13] *Iddles, H. A.,* und *Jackson, C. E.:* Determination of carbonyl compounds by means of 2,4-dinitrophenylhydrazine. Ind. engng. Chem., analyt. Ed. **6** (1934) S. 454—456.

[14] *Bauer, H.,* und *Moll, H.:* Die organische Analyse. Leipzig: Akadem. Verlagsges. Geest u. Portig 1960, S. 123.

Eingegangen am 3. Mai 1968

Einfluß der statistischen Häufigkeitsverteilung der Faserreißdehnung auf die Reißdehnung und Reißkraft von Fäden[1]

Günter Trommer

Mitteilung aus dem Forschungsinstitut für Textiltechnologie Karl-Marx-Stadt (Direktor: Dr.-Ing. K.-H. Banke)

DK 677—042.2:620.172.222:519.241

Der Einfluß der statistischen Verteilung der Faserreißdehnung auf die Reißdehnung und damit auf die Reißkraft der Fäden wird mathematisch nachgewiesen. Gleichzeitig wird gezeigt, daß der Variationskoeffizient der Faserreißkraft allein keine Aussagekraft in diesem Zusammenhang hat.

Влияние статистического распределения по частоте разрывного удлинения волокон на разрывное удлинение и прочность нитей

Математически доказано влияние статистического распределения разрывного удлинения волокон на разрывное удлинение и, тем самым, на прочность нитей. Одновременно показано, что коэффициент вариации прочности волокон сам по себе не имеет никакой информационной ценности.

Effect of the Frequency Distribution of the Breaking Elongation of Fibres on the Breaking Elongation and Strength of Yarns

The effect of the frequency distribution of the breaking elongation of fibres on the breaking elongation and, consequently, the breaking strength of yarn is expressed by mathematical relationships. The variation coefficient of the breaking strength of fibres is shown to provide no information in this connection.

Verzeichnis der Formelzeichen

E_F	p/mm²	Elastizitätsmodul der Faser (allgemein)
$\bar{E}_F$	p/mm²	Mittlerer Faserelastizitätsmodul
E'_F	p/mm²	Mittlerer Elastizitätsmodul der in einem auf Zug beanspruchten Fadenquerschnitt bzw. Querschnittselement beim Garn noch nicht gerissenen Fasern
F	mm²	Garnquerschnittsfläche, beim Kernwindefaden: Querschnittsfläche des Faserkernes
F_F	mm²	Faserquerschnittsfläche
K_1	p	$K_1 = \bar{P}_{F0} z_{ges}$ (Abkürzung)
K_2	p	$K_2 = \bar{E}_F F_F z_{ges}$ (Abkürzung)
k		Lufteinschlußfaktor im Fadenquerschnitt [1]
l_F	mm	Faserlänge
Δl	mm	Längenänderung eines Fadenstückes von der Länge $\frac{1}{T}$ bei Zugbelastung
Δl_F	mm	Längenänderung einer im Abstand r von der Garnachse entfernten Faser
P	p	Zugkraft im Garn bzw. im Kernwindefaden
P_F	p	Zugkraft in der Faser (allgemein)
P_{F0}	p	Faserreißkraft
$\bar{P}_{F0}$	p	Mittlere Faserreißkraft
R	mm	Garnradius bzw. Radius des Kernes beim Kernwindefaden
r	mm	Beliebiger Radius innerhalb des Garnquerschnittes, von der Garnachse ausgehend
s		Standardabweichung der Faserreißdehnung
T	Dr/m	Garndrehung bzw. Anzahl der Umwindungen der Mantelseide um den Kern auf 1 m Länge des Kernwindefadens
z		Anzahl der bei einer bestimmten Fadendehnung noch im Fadenquerschnitt vorhandenen (nicht gerissenen) Fasern
z_{ges}		Anzahl der Fasern im Fadenquerschnitt des ungedehnten Fadens
$\beta°$		Fasersteigungswinkel beim Garn bzw. Steigungswinkel der Mantelseide beim Kernwindefaden
ε		Dehnung des Garnes bzw. Dehnung des Kernwindefadens
ε_F		Faserdehnung (allgemein)
ε_{F0}		Längsdehnung der Faser beim Reißen
$\bar{\varepsilon}_{F0}$		Mittlere Faserreißdehnung aller im Querschnitt befindlichen Fasern
ε'_{F0}		Mittlere Faserreißdehnung der in einem auf Zug beanspruchten Fadenquerschnitt noch nicht gerissenen Fasern
ε_0		Reißdehnung des Garnes bzw. des Kernwindefadens
ε_{0I}		Theoretische Faden- bzw. Garnreißdehnung für den Fall I (Konstante Faserreißkraft)
ε_{0II}		Theoretische Faden- bzw. Garnreißdehnung für den Fall II (Konstanter Faser-E-Modul)
λ		$\lambda = \frac{\varepsilon - \bar{\varepsilon}_{F0}}{s}$ (Substitutionsgröße)
ϱ	g/cm³	Dichte des Faserstoffes
σ	p/mm²	Zugspannung im Garn
σ_F	p/mm²	Zugspannung in der Faser

[1]) Teilergebnisse einer in der Fakultät für Technologie der TU Dresden eingereichten Habilitationsarbeit mit dem Titel „Das Verhalten von Kernwindefäden bei Zugbeanspruchung". Referenten: Prof. Dr.-Ing. habil. *W. Bobeth* und Prof. Dr.-Ing. habil. *U. Liebscher.*

Die statistische Verteilung der Faserreißdehnung hat auf die Reißdehnung des Fadens und damit auf seine Reißkraft einen entscheidenden Einfluß. Bei Zugbeanspruchung eines Fadens beginnen bereits bei einer Dehnung, die wesentlich unter der Reißdehnung liegt, die ersten Fasern zu reißen, wenn vorausgesetzt wird, daß Fasern nicht gleiten, was im allgemeinen zutrifft. Dies resultiert aus der Tatsache, daß nicht alle Fasern die gleiche Reißdehnung haben. Ein Beispiel für eine Häufigkeitsverteilung der Faserreißdehnung ist in die Bilder 4, 5 und 6 eingezeichnet. Das Reißen von Fasern im Fadenquerschnitt bedeutet aber eine Schwächung desselben, so daß an dieser Stelle eine örtliche Dehnungserhöhung eintritt, entweder durch Längung des gesamten Fadens bei aufgebrachter definierter Belastung oder durch Zusammenziehen der ungeschwächten Fadenabschnitte bei definierter Längung des Fadens. Außerdem nimmt der E-Modul des gesamten Fadens mit der Häufung der durch gerissene Fasern geschwächten Fadenstellen ab. Bei dieser Überlegung wird von der Tatsache ausgegangen, daß durch Masseschwankungen usw. längs des Fadens die Dehnung im Faden örtlich verschieden ist. Auf die speziellen

Verhältnisse bei sehr kurzen Einspannlängen des belasteten Fadens wird in dieser Arbeit nicht eingegangen.

Ein Faden reißt nun, wenn an einer Stelle der durch die weitere Dehnung derselben hervorgerufene Kraftzuwachs geringer ist als der Festigkeitsverlust, der durch die dabei wiederum reißenden Fasern entsteht. In [1] wird dieses Problem für den Fall der Summenreißkraft von Fäden mathematisch umfassend behandelt. Jedoch wird in dieser Arbeit nicht nur der Kraft-Dehnungsverlauf der Einzelfäden (bzw. im vorliegenden Fall Einzelfasern) als Gerade genähert, sondern gleichfalls die mittlere Einzelfadenreißkraft in Abhängigkeit von der Fadenreißdehnung. Das bedeutet einen mittleren konstanten E-Modul in Abhängigkeit von der Reißdehnung der Einzelfäden und entspricht dem nachfolgend behandelten Fall II. Die wirklichen Ergebnisse können aber bei Fasern wesentlich davon abweichen, was die Verhältnisse, wie gezeigt wird, sehr ändert.

Für eine mathematische Erfassung dieses Problems, d. h. für eine Berechnung der Garnreißdehnung bei bekannten Faserdaten, werden folgende Vereinfachungen vorausgesetzt:

a) Die Häufigkeitsverteilung der Faserreißdehnung entspricht einer Normalverteilung.
b) Die Häufigkeitsverteilung der Faserreißdehnung entspricht in jedem Fadenquerschnitt sowie in jedem Fadenquerschnittselement der Verteilung der Grundgesamtheit.
c) Das gespannte Fadenstück muß genügend lang sein (etwa mehrfache Faserlänge), so daß bei örtlich begrenzter Dehnungsänderung im Faden durch Reißen von Fasern die Fadenzugkraft bei definierter Dehnung als konstant betrachtet werden kann.
d) Ein idealisierter Garnaufbau:
   Alle Fasern sind auf Kreiszylindern in Schraubenlinien schichtweise angeordnet.
   Jede Faser ist bei Zugbeanspruchung des Garnes in ihrer ganzen Länge am Gleiten gehindert.
   Die Faseranzahl wird als genügend groß vorausgesetzt, so daß über den Garnquerschnitt integriert werden kann.
   Die Veränderung des Garndurchmessers und des Fasersteigungswinkels bei Zugbeanspruchung wird vernachlässigt.
e) Das Verhältnis zwischen σ_F und ε_F wird als konstant angenommen. Dabei wird E_F aus der Faserreißkraft und der Faserreißdehnung ermittelt, wobei der im unbelasteten Zustand vorhandene Faserquerschnitt zugrunde gelegt wird. Dadurch wird der durch die Vernachlässigung der Garnquerschnittsverminderung begangene Fehler weitestgehend ausgeglichen.
f) Als mathematische Vereinfachung wird bei der nachfolgenden Ableitung die Variation der Faserreißkraft vernachlässigt.

Dann folgt bei einer bestimmten Dehnung ε für die Zugkraft des Garnes:

$$P = \int_F dP, \quad dP = \sigma dF.$$

dF ist der Anteil der Kreisringfläche $2\pi r\, dr$ (Bild 1), für den die Fasern bei einer Garndehnung noch nicht gerissen sind.

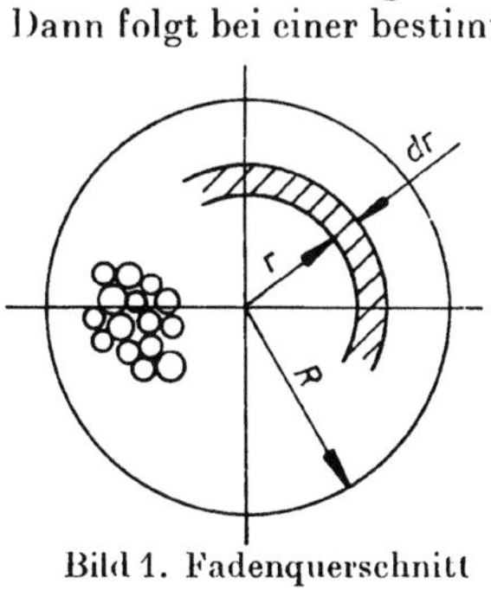

Bild 1. Fadenquerschnitt

Die Dehnung der auf einem Zylinder mit dem Radius r spiralförmig angeordneten Fasern ist angenähert (vgl. Bild 2):

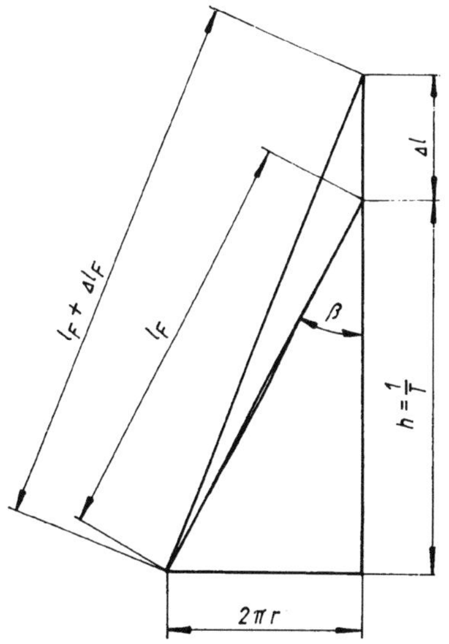

Bild 2. Zusammenhang zwischen der Garndehnung und der Dehnung einer Faser im Abstand r von der Garnachse

$$\varepsilon_F = \frac{\Delta l_F}{l_F},$$

$$\varepsilon_F = \frac{\Delta l \cos\beta}{\left(\frac{1}{T}\right)\frac{1}{\cos\beta}},$$

$$\varepsilon_F = \varepsilon \cos^2\beta.$$

Der Anteil der bei einer Faserdehnung von $\varepsilon \cos^2\beta$ noch nicht gerissenen Fasern beträgt, wenn die Häufigkeitsverteilung der Faserreißdehnung bekannt ist (vergl. Bild 3):

$$\frac{1}{\sqrt{2\pi}} \int\limits_{\frac{\varepsilon\cos^2\beta - \bar{\varepsilon}_{F0}}{s}}^{\infty} e^{-\lambda^2/2}\, d\lambda.$$

Dabei bildet der Ausdruck $\varphi(\lambda) = \frac{1}{\sqrt{2\pi}} e^{-\lambda^2/2}$ die

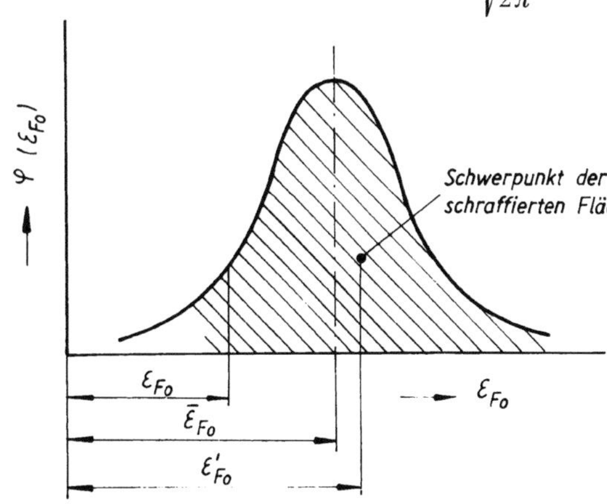

Bild 3. Schematische Darstellung einer Häufigkeitsverteilung der Faserreißdehnung

normierte Form der Normalverteilung der Faserreißdehnung, wobei $\lambda = \frac{\varepsilon \cos^2 \beta - \varepsilon_{F0}}{s}$ ist.

Im Bild 3 stellt die schraffierte Fläche den Anteil der noch tragenden Fasern dar.

Die mittlere Faserreißdehnung $\bar{\varepsilon}_{F0}$ sowie die dazugehörige Standardabweichung s werden aus Faserprüfungen ermittelt und als bekannt vorausgesetzt. Damit kann man für dF schreiben:

$$dF = 2\pi r\, dr \frac{1}{\sqrt{2\pi}} \int\limits_{\frac{\varepsilon \cos^2\beta - \bar{\varepsilon}_{F0}}{s}}^{\infty} e^{-\lambda^2/2}\, d\lambda.$$

Die auf dF senkrecht zum Garnquerschnitt wirkende Zugspannung ist

$$\sigma = \left(\frac{1}{k}\right) \frac{P_F}{F_F} \cos^2 \beta;$$

$$\frac{P_F}{F_F} = \sigma_F = E'_F \varepsilon_F$$

und damit

$$\sigma = \frac{1}{k} E'_F \varepsilon \cos^4 \beta.$$

Darin berücksichtigt $k = 1{,}13$ ([2]) die Lufteinschlüsse im Garn. E'_F entspricht dem mittleren Elastizitätsmodul sämtlicher in der Kreisringfläche $2\pi r\, dr$ des Garnquerschnittes noch nicht gerissenen Fasern.

Für die Bestimmung von E'_F ist die Abhängigkeit des Faserelastizitätsmoduls E_F von der Faserreißdehnung ε_{F0} zu klären. Diese Abhängigkeit müßte aus einer Vielzahl von Faserprüfungen gewonnen werden, wofür ein Beispiel in den Bildern 4 und 5 (Kurve III) dargestellt ist. Über den einzelnen Klassen der Faserreißdehnung wurden im Bild 4 die dazugehörigen Mittelwerte der Faserreißkraft aufgetragen, während im Bild 5 die Kurve III die gesuchte Funktion $E_F = f(\varepsilon_{F0})$ darstellt.

Die Kurven I, II und III wurden über die Beziehung $P_{F0} = E_F \varepsilon_{F0} F_F$ zwischen Bild 4 und 5 umgerechnet. Die tatsächliche, durch Faserprüfungen gewonnene Abhängigkeit zwischen E_F und ε_{F0} liegt etwa zwischen den beiden nachfolgend behandelten theoretischen Grenzfällen (Kurve I und II im Bild 4 und 5), die für die weitere theoretische Behandlung des Problems benutzt werden. Dabei wird im Fall I eine konstante mittlere Faserreißkraft und im Fall II ein konstanter mittlerer Faserelastizitätsmodul angenommen.

Fall I: Hier wird, unabhängig von der Faserreißdehnung, eine konstante Faserreißkraft angenommen (Kurve I in den Bildern 4 und 5).

Der mittlere E-Modul der im Garnquerschnittselement $2\pi r\, dr$ noch nicht gerissenen Fasern ist für den vorliegenden Fall I

$$E'_F = \frac{\bar{P}_{F0}}{F_F \varepsilon'_{F0}}.$$

Darin ist ε'_{F0} die mittlere Faserreißdehnung der bei einer Garndehnung ε im Flächenelement $2\pi r\, dr$ noch nicht gerissenen Fasern. Sie bedeutet mathematisch den Abstand zwischen dem Schwerpunkt der schraffierten Fläche unter der Häufigkeitskurve der Faserreißdehnung (Bild 3) und der Ordinatenachse:

$$\varepsilon'_{F0} = \bar{\varepsilon}_{F0} + \frac{\frac{1}{\sqrt{2\pi}} \int\limits_{\frac{\varepsilon\cos^2\beta - \bar{\varepsilon}_{F0}}{s}}^{\infty} \lambda e^{-\lambda^2/2}\, d\lambda}{\frac{1}{\sqrt{2\pi}} \int\limits_{\frac{\varepsilon\cos^2\beta - \bar{\varepsilon}_{F0}}{s}}^{\infty} e^{-\lambda^2/2}\, d\lambda}.$$

Das Integral $\int \lambda e^{-\lambda^2/2}\, d\lambda$ ist lösbar und ergibt nach der Substitution $-\frac{\lambda^2}{2} = u$:

$$\int\limits_{\frac{\varepsilon\cos^2\beta - \bar{\varepsilon}_{F0}}{s}}^{\infty} \lambda e^{-\lambda^2/2}\, d\lambda = \left| -e^{-\lambda^2/2} \right|_{\frac{\varepsilon\cos^2\beta - \bar{\varepsilon}_{F0}}{s}}^{\infty} = e^{-\frac{1}{2}\left(\frac{\varepsilon\cos^2\beta - \bar{\varepsilon}_{F0}}{s}\right)^2}$$

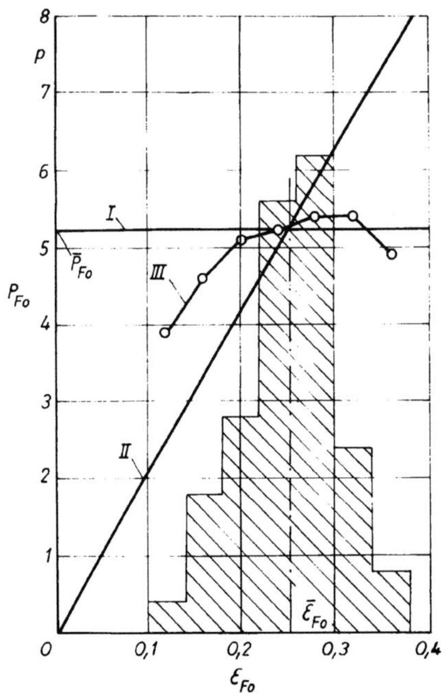

Bild 4. Die Faserreißkraft (Kurve I und II — theoretisch und Kurve III — tatsächlich) in Abhängigkeit von der Faserreißdehnung

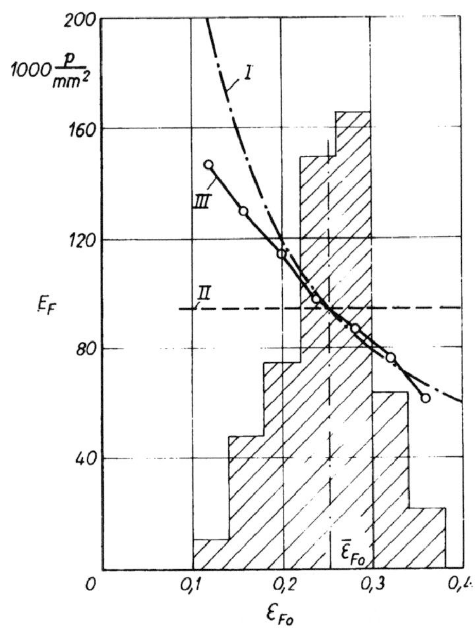

Bild 5. Der aus Bild 4 umgerechnete theoretische (Kurven I und II) und tatsächliche (Kurve III) E-Modul der Fasern in Abhängigkeit von der Faserreißdehnung

Faser: VIF, Nm 3300 (300 mtex), 57 mm Faserlänge
Die Häufigkeitsverteilung der Faserreißdehnung wurde zur Veranschaulichung eingezeichnet.

und damit

$$\varepsilon'_{F0} = \bar{\varepsilon}_{F0} + \frac{\frac{1}{\sqrt{2\pi}} e^{-\frac{1}{2}\left(\frac{\varepsilon\cos^2\beta - \bar{\varepsilon}_{F0}}{s}\right)^2}}{\frac{1}{\sqrt{2\pi}} \int\limits_{\frac{\varepsilon\cos^2\beta - \bar{\varepsilon}_{F0}}{s}}^{\infty} e^{-\lambda^2/2}\, d\lambda}.$$

Bei Beachtung der Beziehungen

$$\cos\beta = \frac{1}{T\sqrt{\left(\frac{1}{T}\right)^2 + (2\pi r)^2}} \qquad \text{(Bild 2)}$$

und

$$R = 1{,}13\sqrt{\frac{1}{\pi\,\mathrm{Nm}\,\varrho}} \qquad \text{([1])}$$

folgt für die Zugkraft im Garn abhängig von der Dehnung

$$P = \frac{1}{k}\, 2\pi\, \frac{\bar{P}_{F0}}{F_F}\, \varepsilon \int\limits_0^R r \frac{\frac{1}{\sqrt{2\pi}} \int\limits_{\frac{1}{s}\left(\frac{\varepsilon}{1+(2\pi Tr)^2} - \bar{\varepsilon}_{F0}\right)}^{\infty} e^{-\lambda^2/2}\, d\lambda}{[1 + (2\pi Tr)^2]^2 \left[\bar{\varepsilon}_{F0} + \frac{\frac{1}{\sqrt{2\pi}} e^{-\frac{1}{2}\left(\frac{\varepsilon}{1+(2\pi Tr)^2} - \bar{\varepsilon}_{F0}\right)^2 \frac{1}{s^2}}}{\frac{1}{\sqrt{2\pi}} \int\limits_{\frac{1}{s}\left(\frac{\varepsilon}{1+(2\pi Tr)^2} - \bar{\varepsilon}_{F0}\right)}^{\infty} e^{-\lambda^2/2}\, d\lambda}\right]}\, dr. \tag{1}$$

Die Reißdehnung eines Garnes für den Fall I ($\varepsilon_{0\mathrm{I}}$) erhält man schließlich aus der Beziehung

$$\frac{\partial P}{\partial \varepsilon} = 0.$$

Fall II: Dieser Fall ist dadurch gekennzeichnet, daß, unabhängig von der Faserreißdehnung, der Elastizitätsmodul der Fasern konstant ist (Kurve II in Bild 4 und 5).

Da hier $E'_F = E_F =$ konst. ist, folgt für die Zugkraft im Garn in Abhängigkeit von der Dehnung

$$P = \frac{1}{k}\, 2\pi \bar{E}_F \varepsilon \frac{1}{\sqrt{2\pi}} \int\limits_0^R \frac{r}{[r + (2\pi \mathrm{G} r)^2]^2} \left[\int\limits_{\frac{1}{s}\left(\frac{\varepsilon}{1+(2\pi Tr)^2} - \bar{\varepsilon}_{F0}\right)}^{\infty} e^{-\lambda^2/2}\, d\lambda\right] dr. \tag{2}$$

Auch hier erhält man die Reißdehnung ($\varepsilon_{0\mathrm{II}}$) aus der Beziehung $\frac{\partial P}{\partial \varepsilon} = 0$.

Die spiralförmige Anordnung der Fasern beim klassischen Garn kompliziert die mathematischen Beziehungen (Gl. (1) und (2) sehr, weshalb diese hier nicht numerisch ausgewertet werden. Da sich die Verhältnisse bei einem Faden aus gedanklich parallel zur Fadenachse liegenden Fasern in der prinzipiellen Aussagekraft nicht und in den Absolutbeträgen durch die um den Faktor $\cos^2\beta$ geringere Faserdehnung gegenüber der Garndehnung nur unwesentlich vom normalen Garn unterscheiden, wird die Reißdehnung eines Fadens mit dieser Faseranordnung nachfolgend berechnet. Der in der VVB Wolle und Seide hergestellte Kernwindefaden (im betrieblichen Sprachgebrauch mit Kerngarn bezeichnet) entspricht annähernd diesem Modell. Er besteht aus ungedrehten Fasern als Kern, um die ein dünner Seidenfaden spiralförmig gewunden ist, wodurch die Fasern bei Zugbeanspruchung des Kernwindefadens am Auseinandergleiten gehindert werden. Vernachlässigt man den Zugkraftanteil des Seidenfadens und der gleitenden Faserenden, die zusammen normalerweise weniger als 20% betragen [3], so ergibt sich für einen solchen Faden, der gedanklich aus nichtgleitenden, parallel zur Fadenachse liegenden Fasern besteht, folgendes:

Da hier die Faserdehnung gleich der Fadendehnung ε ist, beträgt die Zugkraft des Fadens

$$P = E'_F \varepsilon F_F z.$$

Die Zahl der noch tragenden Fasern im betrachteten Fadenquerschnitt (z) kann bei bekannter Häufigkeitsverteilung der Faserreißdehnung geschrieben werden (vgl. auch Bild 3):

$$z = z_{\mathrm{Ges}} \frac{1}{\sqrt{2\pi}} \int\limits_{\frac{\varepsilon - \bar{\varepsilon}_{F0}}{s}}^{\infty} e^{-\lambda^2/2}\, d\lambda.$$

Für den mittleren Elastizitätsmodul E'_F sämtlicher bei einer Fadendehnung ε noch nicht gerissenen Fasern gilt das bereits beim klassischen Garn Ausgeführte. Dann ergibt sich im Fall I (konstante Faserreißkraft):

$$P = K_1 \frac{\varepsilon \frac{1}{\sqrt{2\pi}} \int\limits_{\frac{\varepsilon - \bar{\varepsilon}_{F0}}{s}}^{\infty} e^{-\lambda^2/2}\, d\lambda}{\bar{\varepsilon}_{F0} + \frac{\frac{1}{\sqrt{2\pi}} e^{-\frac{1}{2}\left(\frac{\varepsilon - \bar{\varepsilon}_{F0}}{s}\right)^2}}{\frac{1}{\sqrt{2\pi}} \int\limits_{\frac{\varepsilon - \bar{\varepsilon}_{F0}}{s}}^{\infty} e^{-\lambda^2/2}\, d\lambda}}; \tag{3}$$

$$K_1 = \bar{P}_{F0} z_{\mathrm{Ges}}.$$

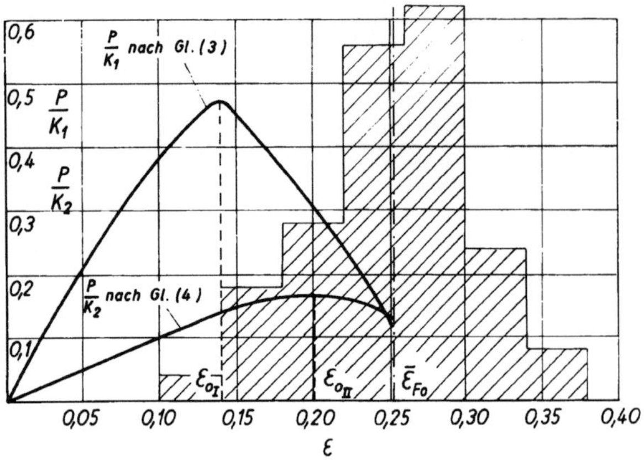

Bild 6. Die nach den Gleichungen (3) und (4) berechneten Fadenkräfte in Abhängigkeit von der Fadendehnung Faser: VIF, Nm 3300 (300 mtex), 57 mm Faserlänge mit einer gemessenen mittleren Faserreißdehnung $\varepsilon_{F0} = 0{,}252$ und einer Standardabweichung der Faserreißdehnung von $s = 0{,}0531$.

Für den Fall II (konstanter Faser-Modul) folgt:

$$P = K_2 \varepsilon \frac{1}{\sqrt{2\pi}} \int_{\frac{\varepsilon - \bar{\varepsilon}_{F0}}{s}}^{\infty} e^{-\lambda^2/_2}\, d\lambda; \qquad (4)$$

$$K_2 = \bar{E}_F F_F z_{Ges}.$$

Aus $\frac{\partial P}{\partial \varepsilon} = 0$ kann aus Gleichung 3 (ε_{0I}) und aus Gleichung 4 (ε_{0II}) die Reißdehnung des Fadens ermittelt werden.

Bild 6 stellt ein berechnetes Beispiel der Gleichungen 3 und 4 für die im Bild 4 und 5 aufgeführten Verhältnisse dar. Da das Integral $\int e^{-\lambda^2/_2} d\lambda$ nicht allgemein lösbar ist, wurde auf eine Differenzierung der Gleichungen 3 und 4 nach ε verzichtet, so daß ε_0 für P_{max} aus Kurven, wie sie im Bild 6 gezeigt sind, abgelesen werden muß. Für das hier angeführte Beispiel, d. h. für die Viskosefasern mit $\bar{\varepsilon}_{F0} = 0{,}252$ und einem dazugehörenden $s = 0{,}0531$ ergibt sich aus Gleichung (3) ein Maximum der Fadenfestigkeit bei einer Fadendehnung von $\varepsilon_{0I} = 0{,}14$ (Bild 6) und aus Gleichung (4) ein solches bei einer Fadendehnung von $\varepsilon_{0II} = 0{,}2$ (Bild 6). Da, wie aus Bild 5 zu ersehen ist, die tatsächlichen Elastizitätsverhältnisse dieses Faserstoffes denen im Fall I (Gleichung (3)) näher liegen, wird die theoretische Fadenreißdehnung aus den beiden Grenzfällen I (ε_{0I}) und II (ε_{0II}) ermittelt zu:

$$\varepsilon_0 = \varepsilon_{0I} + \frac{\varepsilon_{0II} - \varepsilon_{0I}}{3}. \qquad (5)$$

Für einen anderen Faserstoff können die in Gleichung (5) fixierten Verhältnisse wesentlich anders sein.

Im vorliegenden Beispiel würde also ein Faden, der aus nichtgleitenden, parallel zur Fadenachse liegenden Fasern besteht, bei einer Dehnung von

$$\bar{\varepsilon}_0 = 0{,}14 + \frac{0{,}20 - 0{,}14}{3} = 0{,}16$$

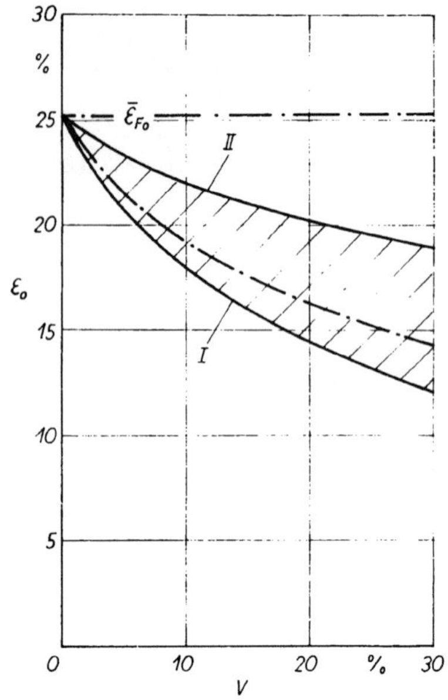

Bild 7. Die theoretische Fadenreißdehnung in Abhängigkeit vom Variationskoeffizienten der Faserreißdehnung Faser: VIF, Nm 3300 (300 mtex), 57 mm Faserlänge Mittelwert der Faserreißdehnung $\bar{\varepsilon}_{F0} = 25\%$.

reißen, gegenüber einer mittleren Faserreißdehnung von $\bar{\varepsilon}_{F0} = 0{,}252$. Aus der Häufigkeitsverteilung der Faserreißdehnung, die zur besseren Anschaulichkeit der Verhältnisse in den Bildern 4, 5 und 6 eingezeichnet wurde, ist zu ersehen, daß bei dieser Fadenreißdehnung von $\varepsilon_0 = 0{,}16$ erst ca. 6% aller Fasern im Querschnitt ihre Reißdehnung erreicht haben.

Bild 7 zeigt schließlich, wie sich der Variationskoeffizient der Faserreißdehnung auf die Fadenreißdehnung auswirkt. Es soll hier ohne mathematische Beweisführung erwähnt werden, daß gegenüber diesem eindeutigen Einfluß der Variationskoeffizient der Faserreißkraft, wie er als Prüfmerkmal nach TGL gefordert

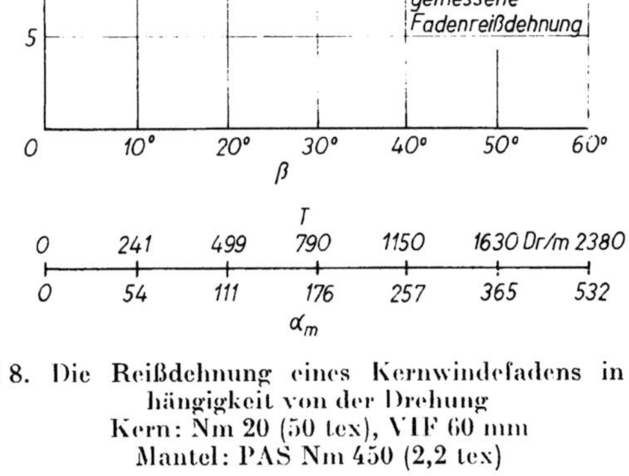

Bild 8. Die Reißdehnung eines Kernwindefadens in Abhängigkeit von der Drehung
Kern: Nm 20 (50 tex), VIF 60 mm
Mantel: PAS Nm 450 (2,2 tex)

wird, einen untergeordneten Einfluß hat, was in erster Linie auf die große Dublierung (entspricht Faserzahl im Querschnitt) zurückzuführen ist. Wesentlichen Einfluß auf die Fadenwerte hat außer der statistischen Verteilung der Faserreißdehnung der funktionelle Zusammenhang zwischen Faserreißdehnung und Faserreißkraft (Bild 4 und 5). Ein eindrucksvolles Beispiel zu dem eben Ausgeführten ist die Tatsache, daß im berechneten Fall I (Gleichung 3) die Fadenreißdehnung und damit die Fadenreißkraft bedeutend niedriger liegen (ε_{0I} — Bild 6) als im Fall II (Gleichung (4), ε_{0II} — Bild 6), obwohl bei gleicher Faserreißdehnungsverteilung im Fall I der Variationskoeffizient der Faserreißkraft Null ist im Gegensatz zu Fall II (vgl. auch Bild 4). Für normal gedrehte Garne gilt das eben Ausgeführte in gleicher Weise.

Da der Fadenaufbau in Wirklichkeit nicht so ideal ist, wie für die vorangegangene Betrachtung zugrunde gelegt wurde, wird die tatsächliche Fadenreißdehnung, die bei Fadenprüfungen ermittelt wird, noch etwas niedriger liegen als die berechnete. Die statistische Verteilung der entsprechenden Werte aller Fadenquerschnitte, beispielsweise Faseranzahl, Faseranordnung, Reißkraft und Reißdehnung sämtlicher zu einem Fadenquerschnitt gehörenden Fasern usw., soll jedoch im Rahmen dieser Arbeit unberücksichtigt bleiben.

Abschließend seien im Bild 8 die gemessene und die nach den Gleichungen (3), (4) und (5) berechnete Reißdehnung eines Kernwindefadens gegenübergestellt. Die mittlere Reißdehnung der Viskosefasern beträgt dabei 20,9% bei einer Standardabweichung von 5,49%.

Literatur

[1] *Nosek, St.:* Mathematische Analyse der Kollektiv-Beanspruchung von Garnen. Faserforsch. u. Textiltechnik **9** (1958) 12, S. 551—557.

[2] *Trommer, G.:* Das Aufdrehmoment von Garnen. Faserforsch. u. Textiltechnik **17** (1966) 8, S. 355—362.

[3] *Trommer, G.:* Theoretische Betrachtung zum Aufbau der Kerngarne. Forschungsbericht Nr. 079001-VF 21/307, Forschungsinstitut für Textiltechnologie Karl-Marx-Stadt.

Eingegangen am 25. April 1968

V. Kolloquium über Probleme der Glasseidentechnologie[1]

des Institutes für Technologie der Fasern, Dresden, der Deutschen Akademie der Wissenschaften zu Berlin

(*Direktor: Prof. Dr.-Ing. habil. W. Bobeth*)

DK 061.3.055.1(430.2—2.7)„1968":677.521:678.046.36

Das Kolloquium fand im Rahmen des IV. Wissenschaftlichen Kongresses *Glas, Glasseide, Feuerfeste Keramik*, statt, der vom Forschungsrat der DDR, von der Deutschen Akademie der Wissenschaften zu Berlin und von der Kammer der Technik im Anschluß an die Leipziger Frühjahrsmesse 1968 veranstaltet wurde. Der Kongreß, der vom 12. bis 15. März 1968 stattfand, wurde durch den Minister für Wissenschaft und Technik der DDR, Dipl.-Ing. oec. *Günther Prey*, eröffnet, der ca. 400 in- und ausländische Wissenschaftler und Fachleute der Gebiete Glas, Glasseide und feuerfeste Keramik herzlich willkommen heißen konnte. Sein besonderer Gruß galt dem Vorsitzenden des Forschungsrates der DDR, Prof. Dr. Dr. h. c. *M. Steenbeck*, dem Präsidenten der Deutschen Akademie der Wissenschaften zu Berlin, Prof. Dr. Dr. h. c. *W. Hartke* und dem Präsidenten der Kammer der Technik, Prof. Dr.-Ing. *H. Peschel*. Der Minister wertete den Kongreß als Ausdruck der Bemühungen der Deutschen Demokratischen Republik um die Förderung des wissenschaftlich-technischen Fortschritts.

Die Referenten und Teilnehmer kamen u. a. aus der SU, der ČSSR, den Volksrepubliken Ungarn, Bulgarien und Polen, aus Belgien, Italien und Schweden, aus Westdeutschland, den USA und der Schweiz. Insgesamt wurden mehr als 50 Vorträge gehalten, ungefähr $^1/_3$ davon durch Wissenschaftler der DDR.

Der Eröffnungstag war Plenarvorträgen vorbehalten, während an den weiteren Tagen Sektionsberatungen stattfanden. Als Sprachen waren Deutsch, Englisch, Französisch und Russisch zugelassen, und es wurde simultan übersetzt.

Die Beratungen der *Sektion Glasseide* werden zugleich als das V. Kolloquium „Über Probleme der Glasseidentechnologie" gewertet, das normalerweise in zweijährigem Turnus vom Institut für Technologie der Fasern in Dresden veranstaltet wird. Die Leitung dieser Sektion lag ebenso wie die der vorangegangenen Glasseiden-Kolloquien in den Händen von Prof. Dr. *W. Bobeth*.

Nach Minister *Prey* ergriff Prof. Dr. Dr. h. c. *E. Leibnitz*, Leipzig, das Wort zum ersten Plenarvortrag. Er betrachtete die Entwicklung von Glas und Glaserzeugnissen unter dem Aspekt eines chemisch-technischen Prozesses. Danach folgten Referate von Dr. *K. Kühne*, Berlin, über Entwicklungstendenzen der Technologie der Glasherstellung im Spiegel der Erfahrung sowie von Prof. Dr. Dr. h. c. *P. P. Budnikov*, Moskau, dem Nestor der sowjetischen Silikatwissenschaft, über spezielle feuerfeste Materialien für die Glasindustrie. Des weiteren berichtete Prof. Dr. *W. Vogel*, Jena, über Ergebnisse der Glasstrukturforschung und deren Bedeutung für die Praxis, und ein Vortrag von Dr. *E. Plumat*, Gilly (Belgien), über eine neue Konzeption glasiger Systeme wurde verlesen. Prof. Dr. *W. Bobeth* beendete dann den Eröffnungstag mit Ausführungen zur wachsenden Bedeutung der Glasseide.

Im folgenden wird nur über die Vorträge des Fachgebietes Glasseide berichtet. Es sei darauf hingewiesen, daß die „Silikattechnik" für viele Vorträge das Veröffentlichungsrecht erworben hat.

Prof. Dr.-Ing. habil. *W. Bobeth*:

Zur wachsenden Bedeutung der Glasseide

Wenn man die Entwicklung der Glasseidentechnologie mit den Schmelzspinnverfahren für organische Chemiefaserstoffe vergleichend betrachtet, so lassen sich interessante Parallelen erkennen: In beiden Fällen begann man mit einem zweistufigen Prozeß und ging dann zu einer einstufigen Technologie über, die für Glasseide unter der Bezeichnung „Direktspinnverfahren" bekannt wurde.

Für Glasseide, bei der nach wie vor das E-Glas eine überragende Stellung einnimmt, wird sowohl die Preis- als auch die Rohstoffsituation im Vergleich zu organischen Chemiefaserstoffen als günstig beurteilt.

Die wachsende Bedeutung der Glasseide zeigt sich u. a. in der ständigen Produktionssteigerung, im Erschließen neuer Verarbeitungstechnologien und im Erweitern der Einsatzgebiete, wobei auch schon Anwendungen im Bekleidungssektor zu finden sind.

Bei Ausführungen zu speziellen Problemen und Ergebnissen aus der Grundlagenforschung stützte sich Prof. *Bobeth* auf Arbeiten seiner Mitarbeiter, über die in den Sektionsberatungen z. T. noch ausführlich berichtet wurde. Hervorzuheben sind sehr plastisch wirkende Stereoscan-Aufnahmen von Glasfaserbruch- und -oberflächen, einer Untersuchungsmethode, die sicherlich auch für die Grundlagenforschung auf dem Gebiet der Glasfaserstoffe noch bedeutsam werden wird.

[1]) IV. Kolloquium s. Faserforsch. u. Textiltechnik **17** (1966) 7, S. 334—338.

Prof. Dr. *G. M. Bartenev*, Lehrstuhl für Festkörperphysik der Staatlichen Pädagogischen Hochschule „V. I. Lenin", Moskau:

Moderne Anschauungen über die Struktur von Glasseide und den Einfluß der chemischen Zusammensetzung auf deren Festigkeit.

Die Tatsache, daß die Zugfestigkeit von industriell erzeugter Glasseide bzw. deren Elementarfäden sehr stark von der Einspannlänge abhängt und die Werte außerdem erheblich streuen (Variationskoeffizient 15 bis 30%), deutet auf das Vorhandensein von Defekten hin, wie beispielsweise Mikrorisse, Einschlüsse, Mikrobrüche sowie auch Unterschiede in der Dichte und der chemischen Zusammensetzung.

Eine laborsmäßige Erzeugung von „defektfreien" Glaselementarfäden wurde u. a. durch Düsen mit Diaphragma und durch den Einsatz einer Vorrichtung realisiert, die eine Probenentnahme zwischen der Düsenwanne und der Spinnspule gestattet. Die Festigkeit derartiger Elementarfäden ist von der Einspannlänge unabhängig und streut nur wenig (Variationskoeffizient 1 bis 2%); hinsichtlich ihrer Höhe stimmt sie mit den Maximalwerten von defektbehafteten Elementarfäden überein, die sich beim Prüfen mit sehr kurzen Einspannlängen (ca. 1 mm) ergaben.

Interessant ist das Alterungsverhalten der defektfreien Glaselementarfäden: Ohne Oberflächenbehandlung begann der Festigkeitsrückgang nach ca. einem Monat, aber durch Anwendung von Schutzüberzügen auf Silikonbasis erst nach etwa einem Jahr. Diese Tatsache unterstreicht die große Bedeutung des Oberflächenzustandes für die Festigkeit von Glasfaserstoffen. Auf Grund von Versuchen an mit Flußsäure verschieden stark geätzten Elementarfäden aus Borosilikatglas nahm der Referent die Existenz einer verfestigten Oberflächenschicht an, deren Dicke in der Größenordnung von 0,01 µm liegt. So sank die Zugfestigkeit, die für defektfreie Elementarfäden beispielsweise mit 305 kp/mm² ermittelt wurde, nach dem Abätzen dieser Schicht auf 210 kp/mm². In gleichen Relationen verringerte sich auch der Absorptionskoeffizient für UV-Licht.

Weitere Untersuchungen zielten darauf ab, das Wesen der hohen Festigkeit von Glaselementarfäden im Vergleich zum Massivglas zu ergründen. Eine Strukturanisotropie ist zwar vorhanden, jedoch ist sie so gering, daß sich daraus die erhöhte Festigkeit nicht erklären läßt, d. h., die Hypothese einer „eingefrorenen" Hochtemperaturstruktur wird abgelehnt. Der Referent führte die erhöhte Festigkeit der defektfreien Glaselementarfäden vielmehr auf die oben genannte dünne Oberflächenschicht zurück, die fester als der Kern sein soll. Als Ursache hierfür wird insbesondere die starke Verstreckung der „Ziehzwiebel"-Oberfläche beim Erspinnen der Elementarfäden genannt, wobei sich diese dem Kern gegenüber durch eine niedrigere Temperatur und somit durch eine höhere Viskosität auszeichnet. Wegen des Vorhandenseins innerer Zugspannungen stellt die Oberflächenschicht ein mechanisch instabiles System dar, womit der Festigkeitsabfall durch die Alterung erklärt wird.

Durch eine Analyse der an industriell erzeugten Glaselementarfäden geprüften Festigkeitswerte nach einem Stufenverfahren wurden vier Festigkeitsniveaus entdeckt, die beispielsweise für Aluminiumborosilikatglas zwischen 10 und 15, 60 und 80, 200 und 250 sowie 300 und 350 kp/mm² liegen. Ihnen entsprechen jeweils typische Oberflächendefekte von unterschiedlicher Form und Tiefe.

Je geringer die Defekte sind, desto stärker drückt sich der Einfluß der chemischen Zusammensetzung auf die Festigkeit aus. So wurde für defektfreie Glaselementarfäden die größte Abhängigkeit der Festigkeit vom Gehalt an Glasbildnern gefunden, wohingegen dieser Einfluß bei Vorhandensein von Oberflächenmikrorissen verschwindet.

In der anschließenden *Diskussion* wurde eine verfestigte Oberflächenstruktur angezweifelt, weil eine Rechnung für diese Oberflächenschicht eine Festigkeit ergab, die über der theoretischen Festigkeit liegt, wenn man die angegebene Schichtdicke von etwa 0,01 µm zugrunde legt. Daraufhin wurde vom Referenten eine konkrete Oberflächenschicht nicht mehr aufrechterhalten. Eine anschließend in kleinerem Kreise hierzu fortgesetzte Diskussion erbrachte dann eine Einigung dahingehend, daß die Oberflächenschicht selbst keine besondere Festigkeit aufweist, sondern daß der Kern fester als die Oberfläche ist, die gewissermaßen als Schutzschicht für ihn wirkt.

Vorstellungen von einem Röhrenmodell akzeptierte der Referent nicht, und zwar wegen gleicher E-Moduli für Oberfläche und Kern. Weitere Fragen betrafen das Verhalten von Elementarfäden aus überfangenem Glas, das Ätzmittel sowie die statistische Festigkeitstheorie.

Dr. *R. Barthel* und Dipl.-Ing. *R. Beyreuther*, Institut für Technologie der Fasern, Dresden, vorgetragen von *R. Barthel*:

Gleichmäßigkeitsregelung im Glasseidenspinnprozeß

Die Feinheit der ersponnenen Glasseide wird mittel- oder unmittelbar von etwa 20 technologischen Größen beeinflußt, die teils unabhängig, teils primär oder sekundär voneinander abhängig sind. Ihre gegenseitige Beeinflussung war aus einem Wirkungsschema zu erkennen, das den theoretischen und experimentellen Untersuchungen zugrunde lag.

Die einzelnen Einflußgrößen wurden hinsichtlich ihrer Eignung als Regel- und Stellgrößen besprochen. Umfangreiche experimentelle Arbeiten befaßten sich zunächst mit der Auswirkung der industriell üblichen Temperatur- und Heizspannungsregelung auf die Feinheitsschwankung der Glasseide, deren Beurteilung mit Hilfe von Längenvariationskurven erfolgte. In diesem Zusammenhang wurde auch der Einfluß von Regeleinrichtungen unterschiedlicher Güte untersucht, die in einem Fall Variationskoeffizienten der Feinheit von 2 bis 3% ergaben gegenüber 5 bis 6% mit technisch geringwertigen Lösungen.

Nachdem die Fadenzugkraft sowie die vom Faden erzeugte Luftströmung auf ihre Eignung als indirekte Regelgrößen für die Fadenfeinheit untersucht und verworfen worden waren, wurde eine direkte Messung der Feinheit angestrebt. Die Bedingungen hierfür sind schwierig, insbesondere durch die ständige Gefahr einer Verunreinigung durch Schichtesubstanzen, durch den dem Faden anhaftenden Flüssigkeitsfilm sowie auch durch die aus praktischen Gründen erforderliche Robustheit der Einrichtung.

Eine als optimal bezeichnete Lösung wurde schließlich in einer pneumatisch arbeitenden Meßanordnung gefunden, bei der der Faden als Strahlteiler in einem Luft-Freistrahl-System wirkt. Der pneumatische Meßwertaufnehmer arbeitet, ebenso wie der Rechenteil der Regeleinrichtung, im Niederdruckbereich (bis 150 mm WS). Als Stellgröße wurde in dem vorgetragenen Beispiel die Abzugsgeschwindigkeit gewählt (Bürstenverstellung eines Kommutator-Motors). Trotz provozierter Temperaturschwankungen in einem Bereich von ± 25 grd sind die erzielten Ergebnisse besser als bei einer auf ± 1 grd konstant gehaltenen Temperatur, worin die Überlegenheit dieser neuen Regeleinrichtung zum Ausdruck kommt. Insbesondere werden außer den von Temperaturschwankungen herrührenden Feinheitsänderungen auch die beseitigt, die von Änderungen des Aufwindedurchmessers der Aufspulhülse während der Fertigung einer Spinnspule über die Abzugsgeschwindigkeit hervorgerufen werden. Der Nachweis erfolgte anhand von Autokorrelationsfunktionen der Fadenfeinheit.

In der *Diskussion* wurden zunächst Fragen hinsichtlich des Prinzips der Fadenzugkraftmessung, der Temperaturmessung und Verschmutzungsgefahr des Meßwertaufnehmers sowie der Möglichkeiten für ein optisches Meßprinzip erörtert. Sodann war das zum Erfassen von lang- und kurzperiodischen Schwankungen angewandte Meßprinzip bei der Feinheitsprüfung des Fadens von Interesse. Schließlich kam noch zur Sprache, ob mit dieser direkten Feinheitsregelung auf eine Regelung anderer Größen, beispielsweise der Heizspannung, verzichtet werden kann. *Barthel* führte aus, daß dies von der Stabilität des Netzes abhängt; im ungünstigen Fall ist eine Grobregelung notwendig. Bei dieser neuen Feinheitsregelung laufen unterschiedliche Abzugsaggregate in der Regel mit unterschiedlicher Abzugsgeschwindigkeit. Es ist aber auch möglich, die Spinnspulen-Drehzahl konstant zu halten und beispielsweise die Temperatur als Stellgröße zu wählen. Gegenüber der Abzugsgeschwindigkeit als Stellgröße arbeitet der Feinheitsregelkreis aber dann wesentlich träger.

V. Kolloquium über Probleme der Glasseidentechnologie

M. G. Černjak und *Ju. I. Kolesov*, Wissenschaftliches Unionsforschungsinstitut für GFP und Glasfaserstoffe, Krykovo/Moskau, vorgetragen von *Ju. I. Kolesov*:

Über eine Methode zum Bewerten der Festigkeit von Glasfasern nach der Mikrohärte des Ausgangsglases.

Da die Bestimmung der Zugfestigkeit eines Glaselementarfadens sehr arbeitsaufwendig ist, wurde nach einer einfacheren Bewertungsmethode gesucht, die mit der Zugfestigkeit korreliert. Die Mikrohärte wurde als eine solche Methode erkannt, mit der eine Vorbewertung der Festigkeit von Gläsern erfolgen könne.

Die Beurteilung einer derartigen Abhängigkeit, die funktionell dargestellt worden war, erfolgte an 10 Gläsern mit verschiedenem Gehalt an schwerschmelzenden glasbildenden Oxiden.

In der *Diskussion* wurde — bezugnehmend auf den Vortrag von Prof. *Bartenev* — die Allgemeingültigkeit dieser Aussagen angezweifelt: Bei den dargelegten Untersuchungen blieb der große Einfluß, den die Spinnbedingungen auf die Zugfestigkeit ausüben, unberücksichtigt.

Dr. *A. Marzocchi*, Owens-Corning Fiberglas Corp., Ashton/USA:

Fortschritte in der Anwendung von Glasseide

Durch laufende Forschung und Entwicklung wird das Anwendungsgebiet von Glasseide ständig erweitert.

Glasseide mit einem Elementarfadendurchmesser von 3 bis 4 µm — unter der Handelsbezeichnung „Betagarn" bekannt — erlaubt solche Anwendungen, die bisher nur den organischen Faserstoffen vorbehalten waren, wie z. B. Tischdecken, Bett-Tagesdecken sowie auch Raumfahrtanzüge und Damenoberbekleidung. Die aus Betagarn hergestellten Gewebe und Gewirke zeichnen sich u. a. durch Dimensionsstabilität, Pflegeleichtigkeit und gute Knittererholung aus. Eine weitere Bereicherung erfährt dieser Sektor durch den Einsatz von texturierten Fäden sowie durch Kombinationszwirne, die eine organische Seide als Kern besitzen.

Beim Einsatz von Glasseide zur Verstärkung von Gummi-Erzeugnissen, wie z. B. Keilriemen, Zahnriemen, Autoreifen, waren die Haftung zum Gummi, die Überwindung von innerer Reibung sowie konstruktive und technologische Details problematisch. Durch geeignete Polymere, die als Haftvermittler dienen und zugleich die Elementarfäden voneinander trennen, war es möglich, die erforderliche dynamische Tüchtigkeit zu erreichen. Die hierzu verwendete Glasseide besitzt einen Elementarfadendurchmesser von 9 µm.

Des weiteren wurde über die Eignung und praktische Bewährung verschiedener Reifenkonstruktionen berichtet. Ein Kompromiß zwischen dem Diagonal- und dem Radialreifen stellt eine aussichtsreiche Variante dar. Bei ihr werden zusätzlich zur üblichen Nylon-Diagonal-Karkasse zwei Glasseiden-Verstärkungsschichten aufgebracht. Im Vergleich zum unverstärkten Reifen sinken Erwärmung, Kraftstoffverbrauch und auch der Verschleiß, wodurch sich höhere Laufleistungen ergeben. Bei Geländereifen (off-the-road tires) läßt sich durch Einmischen von geschnittener, ca. 1 cm langer, imprägnierter Glasseide in den Gummi der Protektorverschleiß vermindern.

Am Einsatz von Glasseide für weitere Erzeugnisse der Gummiindustrie, wie z. B. Hydraulikschläuchen, Persennings und Fördergurten, wird gegenwärtig gearbeitet.

Die Ausführungen des Referenten wurden durch entsprechende Anschauungsmuster sowie durch zwei Farbfilme über Eigenschaften und Verwendung von Erzeugnissen aus Betagarn sowie über den Einsatz von Glasseide zur Verstärkung von Gummi, insbesondere von Reifen, ergänzt.

Infolge des bereits überschrittenen Zeitplanes fand nur eine kurze, offizielle *Diskussion* zu diesem Vortrag statt, in der Fragen der Verstärkung von Reifen, Zahn- und Keilriemen angesprochen wurden. Die Klärung weiterer Detailfragen, insbesondere zu dem gezeigten Mustermaterial, erfolgte anschließend in engerem Kreise.

Prof. Dr. *M. S. Aslanova*, Wissenschaftliches Unionsforschungsinstitut für GFP und Glasfaserstoffe, Krykowo/Moskau:

Einfluß der chemischen Zusammensetzung des Glases auf die Eigenschaften der Glasfaserstoffe

Physikalische Untersuchungen, die an verschieden zusammengesetzten Gläsern und daraus hergestellten Glasfaserstoffen durchgeführt wurden, lassen den Schluß zu, daß eine inhomogene Mikrostruktur vorliegt, die u. a. von der Wärmevergangenheit stark beeinflußt wird.

Die Festigkeit von Glasfaserstoffen hängt sowohl von der Glasart als auch vom Vorhandensein von Oberflächendefekten ab, deren Entstehung auf Mikrokristalle und auf Beschädigungen beim Herstellungsprozeß zurückzuführen ist. Dementsprechend wird zwischen einem defektbehafteten, technischen Zustand (z. B. Glasseide auf einer Spinnspule) und einem „unberührten" Zustand unterschieden, der durch Probenentnahme zwischen der Düsenwanne und der Aufwickeleinrichtung realisiert wurde.

Festigkeitsuntersuchungen in flüssigem Stickstoff (—196 °C), der die Entwicklung von Mikrorissen verlangsamt und eine Adsorption von Luftfeuchtigkeit verhindert, erbrachten die höchsten Werte, die denen der theoretischen Festigkeit nahekommen. Von den untersuchten, defektbehafteten Faserstoffen zeigten solche aus Quarz- und aus Magnesium/Alumino/Silikat-Gläsern die höchste (370 bis 400 kp/mm²) und darüber) und solche aus Borat-, Blei-, Phosphat- und Natriumsilikat-Gläsern die niedrigste Festigkeit (100 bis 200 kp/mm²). Bei Untersuchungen zum E-Modul wurde festgestellt, daß dieser sehr stark vom Oxidgehalt abhängt. Faserstoffe aus Hochmodulgläsern (z. B. aus Titan/Magnesium/Alumino/Silikat-Glas mit $E = 12000$ kp/mm²) haben eine höhere Dichte (bis zu $\varrho = 2{,}9$ g/cm³), weisen jedoch nicht zugleich auch die höchsten Festigkeiten auf. Für derartige Faserstoffe (z. B. aus Quarzglas) wurde vielmehr neben einer niedrigen Dichte ($\varrho = 2{,}2$ g/cm³) auch ein niedriger Elastizitätsmodul ($E = 7000$ kp/mm²) gefunden.

Weitere Untersuchungen waren der Synthese von speziellen Faserstoffgläsern mit Halbleitereigenschaften (z. B. mit Gehalt an einwertigem Kupfer- und Silberoxid, das anschließend in einer Wasserstoffatmosphäre reduziert wird), mit Schutzeigenschaften gegen Kernstrahlung (z. B. mit hohem Gehalt an Cadmium-, Bor- oder Bleioxid) sowie mit einer Temperaturbeständigkeit bis zu 2000 °C (z. B. auf der Basis von Hafnium- und Zirkonsilikaten sowie durch Auslaugung erhaltene SiO_2-Faserstoffe) gewidmet. Es wurde gefunden, daß Faserstoffe aus Silikaten schwerschmelzender Oxide eine mikrokristalline Struktur aufweisen, worauf deren geringe Festigkeit zurückgeführt wird.

In der sehr lebhaft geführten *Diskussion* wurden zunächst Probleme der Minderung des Festigkeitsabfalls durch die Weiterverarbeitung sowie durch die Alterung erörtert. Frau Prof. *Aslanova* führt die Oberflächendefekte nicht nur auf mechanische Einflüsse, sondern auch auf die Einwirkung von Feuchtigkeit zurück, und sie erachtet siliciumorganische Überzüge zur Minderung des Festigkeitsabfalls als bedeutungsvoll.

Eine weitere Frage betraf die Werkstoffe für Düsenwannen, insbesondere die Verwendung von hitzebeständigem Stahl. Nach langjährigen in- und ausländischen Erfahrungen haben sich Platinlegierungen als am geeignetsten erwiesen.

Ferner galt das spezielle Interesse verschiedener Diskussionsredner den Gläsern mit besonders niedrigem *E*-Modul, den Halbleitergläsern, dem Betagarn sowie der Mikrostruktur, insbesondere der Ausbildung von Entmischungszentren, und den Möglichkeiten eines Ionenaustausches durch Salzschmelzen.

Dr. *M. Kučera*, Institut für technisches Glas, Praha/ČSSR:

Vergleichende Betrachtungen zum Kugel- und Direktspinnverfahren

Die angestellten Vergleiche bezogen sich nur auf das *E*-Glas, das zum Erspinnen von Glasseide in der gesamten Welt am gebräuchlichsten ist.

Der Referent gab zunächst einen Überblick über die für Glaskugeln in der ČSSR üblichen chemischen und physikalischen Prüfmethoden sowie über einzuhaltende Toleranzen bzw. Grenzwerte. Sodann wandte er sich dem Direktspinnverfahren zu. Die diesbezüglichen Erfahrungen resultieren aus dem Betrieb einer Versuchsanlage mit drei Spinnstellen und einem Überlauf.

Die Entwicklung eines neuen feuerfesten Materials, dem Zirkon-Silikat (z. B. Marke TZ-Dense Qualität der Fa. Taylor and Sons Ltd., USA), das zu 34,5% aus SiO_2 und zu 64,7% aus ZrO_2 besteht, wurde als für das Direktspinnverfahren sehr wesentlich herausgestellt. Andere ff-Materialien — auch Quarz — führen zu gefährlichen Kristallen, Steinchen oder Schlieren, die Abrisse verursachen und somit die Leistung der Spinnstellen ungünstig beeinflussen.

Waren beim Kugelspinnverfahren zur Qualitätsbeurteilung des Glases Blasen, Bläschen, Steinchen, Risse, innere Spannungen, Eisenverunreinigungen sowie auch die Kugelform von Interesse, so ist beim Direktspinnverfahren das Augenmerk insbesondere auf die Flüchtigkeit des Boroxids sowie auf die Kristallisationsgeschwindigkeit des Glases gerichtet. So erniedrigte sich beispielsweise der B_2O_3-Gehalt bei einem dreimaligen Schmelzen des Glases von 9,55% auf 7,19%. Da trotzdem die Spinnergebnisse noch befriedigten, wurde zu einem Glas mit nur 7% B_2O_3 (Typ AB – 07) übergegangen. Die Kristallisationsgeschwindigkeit nimmt beim wiederholten Schmelzen des Glases zu; 40 µm/h bei 1075 °C wird als nicht zu überschreitender Grenzwert bezeichnet.

Der Referent wies mit Nachdruck auf eine unbedingt erforderliche gute Homogenität des Glases hin, wird doch das Volumen einer einzelnen Düse beim Spinnen von beispielsweise 9 µm-Glasseide in nur 10 s ausgetauscht. Inhomogenitäten haben einen Leistungsabfall zur Folge; es kann dadurch sogar zu einer totalen Störung des Spinnprozesses kommen.

Als erfreulich kann die Erfahrung gewertet werden, daß eine Partie von ca. 5 t Glaskugeln, die für das Kugelspinnverfahren nicht verwendbar waren, nach dem Direktspinnverfahren ohne Schwierigkeiten verarbeitet werden konnten.

In der sehr regen *Diskussion* wurden zunächst einige im Vortrag erwähnte Details angesprochen, wie z. B. die Volumenaustauschzeit, die Glasqualität, insbesondere der störende Einfluß von Bläschen sowie Möglichkeiten der Oberflächenglättung der Düseninnenwandungen. Sodann galt das Interesse der ökonomisch sinnvollen Grenze zwischen dem Direkt- und dem Kugelspinnverfahren und der diesbezüglichen Entwicklungstendenzen. Ohne Zweifel ist das Direktspinnverfahren für 9 und 10 µm gegenwärtig bereits am besten geeignet. Wie ein Kongreßteilnehmer, der über entsprechende Erfahrungen und Kenntnisse verfügt, weiter dazu berichtete, ist es auch ohne weiteres möglich, feinere Fäden, beispielsweise von 5 µm, im Direktspinnverfahren zu erspinnen.

In den Anfängen dieses Verfahrens — vor ca. 10 Jahren — sei dies auch üblich gewesen. Die Belegung der einzelnen Spinnstellen hängt aber von der Leistungsfähigkeit der Schmelzwanne ab. Soviel abzusehen ist, geht der Trend in Richtung auf große Düsenwannen, wobei die Grenze nicht bei 400, 500 oder 800, sondern vielleicht bei 1000 Düsen liegt; es sei sogar für 10 µm schon mit 2000er Düsenwannen gearbeitet worden. Bei unterschiedlicher Belegung einzelner Spinnstellen einer Schmelzwanne achtet man auf eine annähernd symmetrische Anordnung.

Eine weitere Frage knüpfte an das IV. Glasseidenkolloquium an, zu dem Herr Dr. *Kučera* über die Eignung verschiedener Wannenbausteine zur Glasseidenschmelze berichtete. Welche Unterschiede bestehen zwischen den damals untersuchten Zirkon-haltigen Steinen, die sich nicht eigneten, und denen, über die heute berichtet wurde, die sich hervorragend eignen? Damals handelte es sich um schmelzflußgegossene Steine aus ZrO_2 und Al_2O_3 (Corhartzak), und jetzt wurden kalt gegossene Steine aus ZrO_2 und SiO_2 verwendet.

Eine abschließende Frage galt der Art der angewandten Regelung an den Düsenwannen, die von der ČSSR-Elektro-Industrie (ZPA) entwickelt worden ist.

Dipl.-Ing. *P. Tichy*, Vertex n. p., Litomyšl/ČSSR:

Beitrag zur Eigenschafts- und Qualitätsauswertung der Gläser für die Glasseidenerzeugung

Der Vortrag befaßte sich mit der Auswirkung von Differenzen in der Zusammensetzung von *E*-Glas, das bekanntlich ein Eutektikum bildet, auf diejenigen Eigenschaften, die für den Glasseidenspinnprozeß am bedeutungsvollsten sind: die Viskosität und das Kristallisationsverhalten. Derartige Differenzen können beispielsweise durch unterschiedliche Flüchtigkeit einzelner Substanzen, durch Korrosion von feuerfestem Material oder durch Ungenauigkeiten bzw. Fehler bei der Gemengeherstellung entstehen.

Die Viskosität wurde nach *Dietzel* und *Brückner* mit einem Gerät für die Bestimmung des Einsinkpunktes gemessen, und die Ermittlung der Kristallisationseigenschaften erfolgte nach der Gradientenmethode. Insbesondere interessierte die Kristallisationsgeschwindigkeit, die auf Messung nach 1 und 2 h Verweildauer im Ofen beruht.

Die Versuche sahen eine Variation von SiO_2, B_2O_3, Al_2O_3 und Fe_2O_3 sowie CaO innerhalb bestimmter, nach praktischen Erfahrungen gewählter Grenzen vor.

Die Messungen ergaben u. a., daß B_2O_3 und SiO_2 die Viskosität stark beeinflussen, und daß sich Änderungen von CaO umso stärker auf die Kristallisationsgeschwindigkeit auswirken, je niedriger der B_2O_3-Gehalt ist. Auch eine Verschiebung des Molverhältnisses von Al_2O_3 zu CaO erhöht die Kristallisationsgeschwindigkeit.

Die zeitraubenden klassischen Analysenmethoden wurden durch physikalische Untersuchungsverfahren ergänzt, wie z. B. durch die Bestimmung von Brechungsindex, Viskosität und Dichte.

Zur Kontrolle der Homogenität des Glases hat sich die Methode von *Seljubsky* als vorteilhaft erwiesen, die bereits zum IV. Glasseidenkolloquium dargelegt worden war (Faserforsch. u. Textiltechnik **17** (1966) S. 334).

Schließlich berichtete der Referent noch über Untersuchungen zum Gasgehalt — insbesondere von Wasserdampf — im Glas, der die Spinnsicherheit ebenso beeinflußt wie die Eigenschaften der ersponnenen Glasseide. Derartige Untersuchungen gewannen mit dem Übergang zu höheren Temperaturen in den Düsenwannen an Interesse, bei denen es — über 1450 °C — an der Grenzfläche Platin/Glas zu einer intensiven Entgasung des Glases kommt. Die Bestimmung des Wassergehaltes erfolgte mittels Absorptions-Spektralanalyse mit dem Infrarot-Spektrophotometer UNICAM SP 100.

In der *Diskussion* wurde die Bedeutung derartiger Untersuchungen gewürdigt, da Schwankungen zwar in Grenzen gehalten werden können, grundsätzlich aber nicht zu vermeiden sind. Deshalb ist die Kenntnis ihrer Auswirkungen für die Glastechniker von besonderem Interesse. Die Bemühungen verschiedener Länder um Senkung des B_2O_3-Gehaltes ist auf Beschaffungsschwierigkeiten zurückzuführen. Weiterhin wurde über Erfahrungen mit einer Methode zum Feststellen von Viskositätsschwankungen bei der Kugelproduktion berichtet, die von Dr. *Barthel* zum IV. Glasseidenkolloquium dargelegt worden war.

Dr. *G. Wiedemann*, Institut für Technologie der Fasern, Dresden:

Moderne Veredlungsverfahren für Glasseidentextilien

Der Vortragende gab einen Überblick über den Stand neuer Verfahren zur Veredlung von Glasseidentextilien für verschiedene Anwendungen, wobei auf die durch die Glasseidenstruktur bedingten Besonderheiten und die daraus erwachsenden Probleme eingegangen wurde.

Ein Großteil der Glasseidenproduktion wird für Plastverstärkungen, Dekorationstextilien, in der Elektrotechnik und für Filtergewebe verwendet.

Zunächst wandte sich der Referent den Veredlungsproblemen insbesondere im Hinblick auf die Heißgasentstaubung zu, für die es u. a. auf die Entwicklung geeigneter „Schutzschichten" ankommt, die eine relativ hohe thermische und chemische Beanspruchung gewährleisten. Ausgehend von thermogravimetrischen Untersuchungen wurden spezielle Silikone und Polytetrafluoräthylene rein, in Mischungen sowie auch unter Zugabe von Molybdändisulfid oder Graphit angewandt. Die zum Wärmeverhalten durchgeführten Prüfungen umfaßten u. a. die Festigkeit, das Verhalten gegen Biegung und Scheuerung in trockenem und feuchtem Zustand und das Säureverhalten. Durch geeignete Veredlungsverfahren gelingt es, die Zugfestigkeit graduell sowie die dynamische Tüchtigkeit, die Scheuerfestigkeit und die Naß- und chemische Beständigkeit prinzipiell zu verbessern. Durch Ausbildung von Schutzschichten ist es möglich, Oberflächendefekte zu „überbrücken" und dadurch einen vorzeitigen Bruchbeginn zu verhindern.

Ein weiterer Schwerpunkt des Vortrages betraf Probleme, die beim Veredeln von Dekorationsgeweben auftreten. Insbesondere sind hierfür thermisch-chemische Prozesse bedeutungsvoll; sie wirken sich auf die nachfolgenden Veredlungsstufen aus. Die hierfür wesentlichsten technischen Übertragungsfunktionen wurden in geschickter Weise diagrammatisch dargestellt. Die Färberei und der Textildruck basieren auf einem Pigmentbinderverfahren, wobei durch Einsatz von polymeren Bindemitteln unter Verwendung spezieller Vernetzungssysteme gute Reib-, Wasch- und Lichtechtheiten erzielt werden konnten. Natürliche Bewetterungsversuche und künstliche Belichtungen ließen die recht guten Echtheitseigenschaften erkennen.

Schließlich wurde noch der Einsatz verschiedener Haftmittel für den Plastverstärkungssektor behandelt, und zwar vorwiegend im Hinblick auf Polyester-, Epoxid- und Phenolharze. Zur Eigenschaftsbeurteilung dienten neben Biege-, Druck- und Zugversuchen auch Elastizitätsprüfungen. Trotz vieler Arbeiten, die bisher auf diesem Zweig der Veredlung von Glasseidengeweben geleistet wurden, sind heute auch im Ausland noch nicht alle Probleme befriedigend gelöst. So ist es z. B. wünschenswert, die Benetzungseigenschaften zu verbessern, wofür erfolgversprechende Ansätze erkennbar sind.

Dem Vortrag schloß sich eine rege *Diskussion* an. Es wurden Fragen der Optimalzusammensetzung und Dosierung von Haftmittelkombinationen sowie Benetzungsprobleme besprochen. Ein gewisses Paradoxon wurde in der Bezeichnung „Haftmittel“ gesehen; da mit einer besseren Haftung nicht immer eine bessere Benetzung verbunden ist. Es wurde darauf hingewiesen, daß zur Erklärung dieses Wirkungsmechanismus an der Grenzfläche Glas/Harz nicht nur physikalische, sondern insbesondere chemische Vorgänge berücksichtigt werden müssen. Auf verschiedene Möglichkeiten der Grenzflächenflexibilisierung (Abbau von Spannungsspitzen usw.) wurde ebenso eingegangen wie auf Prüfmethoden zur Bestimmung der Benetzbarkeit.

H. Rothe

Neue Bücher

Chemiefasern. Handelsnamen — Arten — Hersteller. Von *Kurt Meyer.* 2., verb. Aufl. mit Ergänzungsheft. Leipzig: Fachbuchverlag 1967. 447 S., Ergänzungsheft 112 S., Plasteinband M 16,80.

In Aufmachung und Druck ansprechender gestaltet als die 1. Auflage von 1965, erschien die 2. Auflage des Nachschlagewerkes für Chemiefasernamen. Da sich auf dem Gebiet der Chemiefaserstoffe laufend Erweiterungen und Veränderungen ergeben, machte sich zur Anpassung an den neuesten Stand eine vollständige Überarbeitung erforderlich, wobei etwa 1800 neue Bezeichnungen aufgenommen wurden sowie Ergänzungen und Korrekturen erfolgten. Eine rasche Orientierung ermöglicht das einleitende alphabetische Verzeichnis der Handelsnamen mit Angabe der Faserstoffgruppe und der Seitennummer für die ausführlichere Nennung im zweiten Teil des Buches. Dieser Teil ist nach Faserstoffgruppen gegliedert, jeweils mit einem kurzen Vorspann über Eigenschaften und Einsatzgebiete der Gruppe versehen, und informiert über Hersteller, Herstellungsform und spezielle Merkmale der einzelnen Fasertypen. Wertvoll ist, daß nicht nur global der Markenname erscheint, sondern auch die oft zahlreichen Spezialtypen, z. B. bei ORLON 23 Typen, beschrieben werden. Die Kapitel über Texturfäden sowie über Mischgarne und Spezialfäden wurden wesentlich erweitert. Das Ergänzungsheft bringt die von Juni 1966 bis Juni 1967 bekanntgewordenen neuen bzw. veränderten Handelsnamen in alphabetischer Ordnung mit zugehörigen Informationen.

Insgesamt ist das Buch als sehr wertvolles Nachschlagewerk für alle, die in Lehre, Forschung, Industrie und Handel mit der Fülle von Namen für Chemiefaserstoffe und daraus hergestellte Fäden konfrontiert werden, anzusehen.

L. Vollrath

Patentschau

Auszug aus der Lieferung 1/2/1968 der Patentschau „Faserstoffe und Textiltechnik“, Ausgabe A: Faserstoffe einschl. Kunststoffe und organ. Grundsubstanzen, zusammengestellt von der Abteilung Wissenschaftliches Berichtswesen des Instituts für Faserstoff-Forschung der DAW, 153 Teltow-Seehof, Kantstr. 55

Die Patentschau ist nach der deutschen Patentklasseneinteilung gegliedert. Es bedeuten: DDP = DDR-Patent; DBP = Deutsches Bundespatent; DAS = (West)-Deutsche Auslegeschrift; OeP = Österreichisches Patent; PoP = Polnisches Patent; SzP = Schweizer Patent; FrP = Französisches Patent; GBP = Britisches Patent; JaP = Japanisches Patent; SvP = Schwedisches Patent; SUP = Sowjetisches Patent; ČSP = Tschechoslowakisches Patent; USP = Amerikanisches Patent; A = Anmeldedatum, B = Tag der Ausgabe der Patent- bzw. Auslegeschrift.

Klasse 12o, 11. Aliphatische Carbonsäuren im allgemeinen, Aufarbeitung der Oxydationsprodukte zu Fettsäuren

SzP 445468. Verfahren zur Herstellung von ungesättigten Nitrilen. Erf.: *Natale Ferlazzo, Giorgio Caporali, Nicola Giordano* u. *Paolo Marinozzi.* Inh.: Società Edison, via Marco U. Traiano 7. Mailand (It). A. 21. 8. 63. Kl.: 12o, 11. A.-Z.: 10301/62. Prior.: 23. 8. 62 (It; A.-Z.: 16806/62).

Klasse 12o, 21. Carbonsäuren mit ungesättigter Atomkette, z. B. Zimtsäure (teilweise)

FrP 89767 Zus. z. Pat. 1472033 (Aj.). Verfahren zur linearen Dimerisation von Acrylnitril. Inh.: Société des Usines Chimiques Rhône-Polence. A. 2. 12. 65, B. 18. 8. 67. Int. Kl.: C 07c. A.-Z.: 40725.

Klasse 29a. Mechanische Gewinnung von Gespinstfasern

GBP 1083008. Zusammengesetzte Seiden. Inh.: Kanegafuchi Boseki Kabushiki Kaisha. A. 7. 12. 64, B. 13. 9. 67. Kl.: B5.B. Int. Kl.: D 01d. A.-Z.: 49671/64. Prior.: 7. 12. 63 (Ja.: A.-Z.: 66030). Entspr. FrP 1422393.

FrP 1493889. Vorrichtung zum Erspinnen von Garnen und Fasern mit mehreren Bestandteilen. Inh.: VEB Chemiefaserwerk Schwarza „Wilhelm Pieck“. A. 12. 9. 66, B. 1. 9. 67. Int. Kl.: D 01d. A.-Z.: 76068.

USP 3343207. Vorrichtung zur Herstellung neuartiger Fäden. Erf.: *John W. Mottern* u. *Bruce van Voorhis.* Inh.: Monsanto Co. A. 20. 4. 66, B. 26. 9. 67. Kl.: 18—1. 3 Anspr. A.-Z.: 543875 (ausgesch. aus Pat. m. A.-Z.: 316026. A. 14. 10. 63).

FrP 1490987. Verfahren zur Herstellung faseriger Filamentprodukte. Inh.: Shell Internationale Research Maatschappij N. V. A. 31. 8. 66, B. 4. 8. 67. Int. Kl.: C 08f u. D 02j. A.-Z.: 74708. Pri8r.: 2. 9. 65 (Nd; A.-Z.: 6511455). Entspr. DDP 57923.

USP 3341891. Herstellung eines zusammengesetzten Fadens und eine Spinndüsenanordnung. Erf.: *Kityo Shimizu, Kazuo Yuki, Miyoshi Okamoto.* Inh.: Toyo Rayon Kabushiki Kaisha, Tokio (Ja). A. 31. 7. 63, B. 19. 9. 67. Kl.: 18—8. 5 Anspr. A.-Z.: 298883. Prior.: 6. 8. 62 u. 19. 4. 63 (Ja; A.-Z.: 37/32487, 38/19965 u. 38/19966). Entspr. GBP 1050191.

USP 3343240. Verfahren und Vorrichtung zum Texturieren synthetischer Fäden. Erf.: *Paolo Parmeggiani* u. *Domenico Nicita.* Inh.: SNIA Viscosa-Soc. Nazionale Industria Applicazioni Viscosa S. p. A., Mailand (It). A. 22. 12. 64, B. 26. 9. 67. Kl.: 28—1. 12 Anspr. A.-Z.: 420381. Prior.: 27. 12. 63 (It; A.-Z.: 26587/63). Entspr. FrP 1419155.

GBP 1083798. Vorrichtung zum Schmelzspinnen von Textilfasern aus linearen thermoplastischen Polymeren. Inh.: Lavorazione Materia Plastiche L. M. P. S. p. A. A. 4. 5. 66, B. 20. 9. 67. Kl.: B5.B. Int. Kl.: D 01d. A.-Z.: 19689/66. Prior.: 4. 5. 65 (It; A.-Z.: 10196). Entspr. FrP 1480444.

USP 3345445. Verfahren zum Schmelzspinnen von Polyamiden. Erf.: *Francesco Siclari, Angelo Bellano, Luigi Ciceri, Bruno D'Alò, Pierluigi Perazzoni* u. *Piero Giacobone†* (Verwalterin: *Manfredini* verw. *Emilia Giacobone*). Inh.: Snia Viscosa Società Nazionale Industria Applicazioni Viscosa S. p. A., Mailand (It). A. 16. 3. 64, B. 3. 10. 67. Kl.: 264—176. 6 Anspr. A.-Z.: 352394. Prior.: 15. 3. 63 (It; A.-Z.: 5402/63. ItP 689700).

Klasse 29b. Chemische Gewinnung bzw. Herstellung von Spinnfasern und Fäden sowie ihre Präparation für die textile Weiterverarbeitung

GBP 1075961. Kabel von synthetischen Seiden. Inh.: Imperial Chemical Industries Ltd. A. 10. 1. 64, B. 19. 7. 67. Kl.: B 5.B. Int. Kl.: D 01f u. D 06m. A.-Z.: 1146/64. Entspr. FrP 1420191.

DAS 1247542. Spinnmassen auf Grundlage von Gemischen, die lineare Polyester und Zusatzstoffe enthalten. Erf.: *Ryoichi Sakurai, Yasuo Taneda, Kiyoshi Nawata, Kiyoshi Kazama, Iwao, Fujimoto, Takeo Shima* u. *Isao Hamana.* Anm.: Teikoku Jinzo Kenshi Kabushiki Kaisha, Osaka (Ja). A. 20. 6. 62, B. 17. 8. 67. Kl.: 29b, 3/60. A.-Z.: T 22338 IVc/29b. Prior.: 21. 6. 61 u. 25. 11. 61 (Ja; A.-Z.: 21374 u. 42047). Entspr. SzP 437785 u. GBP 1013573.

USP 3342762. Gleitmittel enthaltende Polyamidfaserstoffe. Erf.: *Lawrence W. Crovatt jr.* Inh.: Monsanto Co. A. 9. 10. 64, B. 19. 9. 67. Kl.: 269–18. 5 Anspr. A.-Z.: 402917.

USP 3342920. Verfahren zur Herstellung von synthetischen, kristallines isotaktisches Polystyrol enthaltenden Fasern mit ausgezeichneten physikalischen Eigenschaften. Erf.: *Osamu Fukushima* u. *Kiyokazu Imai.* Inh.: Kurashiki Rayon Co. Ltd., Kurashiki (Ja). A. 27. 6. 63, B. 19. 9. 67. Kl.: 264–184. 1 Anspr. A.-Z.: 290923. Prior.: 27. 7. 62 (Ja; A.-Z.: 37/31285). Entspr. FrP 1370061 u. GBP 1036146.

USP 3346521. Polyolefin/schmelzbare Celluloseäther-Gemische. Erf.: *Bruce A. Fairbairn, Joseph M. Grenier* u. *Arthur Holmes.* Inh.: Chemcell Ltd., Montreal, Quebec (Ca). A. 27. 8. 65, B. 10. 10. 67. Kl.: 260–17. 11 Anspr. A.-Z.: 483319. Prior.: 21. 2. 62 (Ca; A.-Z.: 842883). (ausgesch. aus USP 3232694. A. 23. 2. 62. A.-Z.: 175292).

USP 3343241. Kräuselverfahren. Erf.: *Bharat Jaybhadra Gajjar.* Inh.: E. I. du Pont de Nemours and Co., Wilmington, Del. A. 29. 4. 65, B. 26. 9. 67. Kl.: 28–72. 6 Anspr. A.-Z.: 451713.

USP 3346326. Gesteuerte Verseifung von faserförmigen Polyglutaminsäureestern mit wäßrig/alkalischen Lösungen einer Base. Erf.: *Yoshifumi Takeda, Toru Okuda* u. *Setsuji Sakurai.* Inh.: Ajinomoto Co., Inc., Tokio (Ja). A. 19. 3. 63, B. 10. 10. 67. Kl.: 8–127,5. 9 Anspr. A.-Z.: 266163. Prior.: 3. 4. 62 (Ja; A.-Z.: 37/12645). Entspr. DAS 1202434 u. FrP 1352398.

Klasse 32a. Herstellung, Formgebung und Nachbehandlungsverfahren

USP 3345147 Zus. z. Pat. m. A.-Z.: 399218. A. 25. 9. 64. Verfahren zur Herstellung von Glasfasern. Erf.: *Robert G. Russel.* Inh.: Owens-Corning Fiberglas Corp. A. 9. 2. 66. B. 3. 10. 67. Kl.: 65–3. 3 Anspr.: A.-Z.: 532829.

Klasse 32b. Chemische Zusammensetzung von Gläsern, Glasuren oder Emails, Oberflächenbehandlung von Glas, Verbinden von Glas mit Glas oder anderen Stoffen

FrP 1492990. Verbesserung der Herstellung von Fasern aus Glas oder analogen anorganischen Materialien. Inh.: Verre Textile. A. 11. 7. 66, B. 25. 8. 67. Int. Kl.: C 03b, A.-Z.: 68908.

Klasse 39b. Verarbeitung von plastischen Massen, Kautschuk und hornartigen Stoffen, soweit nicht anderweitig vorgesehen (chemischer Teil), auch von Brems- und Schleifmassen sowie thermischen und akustischen Isoliermassen

GBP 1084136. Diarylenazolylstilbene und ihre Anwendung als optische Aufheller. Inh.: Nippon Chemical Works Co. Ltd. A. 18. 8. 64, B. 20. 9. 67. Kl.: C2.C. Int. Kl.: C 07d 49/34, 85/06, 99/02. A.-Z.: 33747. Prior.: 22. 8. 63 u. 17. 2. 64 (Ja; A.-Z.: 44628 u. 8331).

DAS 1247627. Verfahren zur Herstellung von im wesentlichen offenporigen Polyurethanschaumstoffen. Erf.: *Harry Kunz.* Anm.: Continental Gummi-Werke AG, Hannover, Königsworther Platz 1. A. 25. 9. 63, B. 17. 8. 67. Kl.: 39b, 22/04. A.-Z.: C 30968 IVc/39b. Entspr. FrP 1415815.

DAS 1247633. Verfahren zur Herstellung von asbesthaltigen Steril- und Apyrogenfiltermaterialien mit erhöhten Adsorptionseigenschaften. Erf.: *Wolfgang Sonnenkalb, Werner Wendland, Hellmut Zitzmnn, Gerhard Ohlerisch, Karl-Heinz Platz* u. *Joachim Iieberth.* Anm.: VEB (B) Asbest- u. Filterplattenwerk, Kleinreinsdorf über Greiz (Thür.). A. 20. 10. 64, B. 17. 8. 67. Kl.: 39b, 22/04. A.-Z.: V 26999 IVc/39b.

OeP 260533. Verfahren zur Herstellung thermoplastischer Polymerengemische. Erf.: *Luciano Scarso, Mario Bevilaqua* u. *Bruno Pozzer.* Inh.: Société Edison, Mailand. A. 9. 10. 64, B. 15. 6. 67. Kl.: 39b, 14. A.-Z.: 8634/64. Prior.: 11. 10. 63 (It).

FrP 1490518. Verfahren zur Herstellung von füllstoffhaltigen Polyolefinen. Inh.: Stamicarbon N. V. A. 8. 4. 66, B. 4. 8. 67. Int. Kl.: C 08f. A.-Z.: 57182. Prior.: 9. 4. 65 (Nd; A.-Z.: 6504599).

FrP 1493848. Verfahren zur Rückgewinnung von Lösungsmitteln, die für die Herstellung von Polyacrylnitril-Lösungen verwendet werden. Inh.: VEB Chemiefaserwerk „Friedrich Engels". A. 7. 9. 66, B. 1. 9. 67. Int. Kl.: C 07c. A.-Z.: 75565.

GBP 1079225. Extrudierbare Polyolefinkompositionen, die Metallsalze organischer Säuren enthalten. Inh.: Montecatini Soc. Gen. per l'Industria Mineraria e Chimica. A. 21. 12. 64, B. 16. 8. 67. Kl.: C3.P. Int. Kl.: C 08f 29/12. A.-Z.: 51853/64. Prior.: 31. 12. 63 (It; A.-Z.: 26686 u. 26687). Entspr. FrP 1418743 u. FrP 1418744.

USP 3345318. Vinylacetat/Äthylen/N-Methylolacrylamid-Copolymerlatex und damit beschichtete Gewebe. Erf.: *Martin K. Lindemann* u. *Rocco P. Volpe.* Inh.: Air Reduction Co., Inc., New York, N. Y. A. 31. 3. 65, B. 2. 10. 67. Kl.: 260–29,6. 6 Anspr. A.-Z.: 444375. Entspr. FrP 1472857.

USP 3345326. Stabilisierte chlorierte Polyäthylene, die Borverbindungen enthalten. Erf.: *Leo S. Chang, Richard B. Lund, Arleen C. Pierce* u. *Edith Turi.* Inh.: Allied Chemical Corp., New York, N. Y. A. 6. 3. 64, B. 3. 10. 67. Kl.: 260–45,75. 8 Anspr. A.-Z.: 350115. Entspr. GBP 1084161.

DAS 1247643. Verwendung von Aminen als Polymerisationspromotoren in Polyesterformmassen. Erf.: *Christian Srna* u. *Walter Lautenschlager.* Anm.: Badische Anilin- & Soda-Fabrik AG, Ludwigshafen/Rhein. A. 18. 8. 65, B. 17. 8. 67. Kl.: 39b, 22/10. A.-Z.: B 83318 IVc/39b.

Klasse 39c. Herstellen von Kunstharzen

GBP 1079708. Verfahren zur Herstellung von hochelastischen Polyurethanartikeln. Inh.: Badische Anilin- & Soda-Fabrik AG. A. 4. 12. 64, B. 16. 8. 67. Kl.: C3.R. Int. Kl.: C 08g 21/04. A.-Z.: 49336/64. Prior.: 6. 12. 63 (DB; A.-Z.: B 74558. DAS 1196862). Entspr. FrP 1419106 u. USP 3216975.

USP 3346529. Kontinuierliches Verfahren zur Herstellung von Lösungen von im wesentlichen linearen Polyurethanen. Erf.: *Timothy Victor Peters.* Inh.: Ameliotex, Inc., New York, N. Y. A. 4. 1. 65, B. 10. 10. 67. Kl.: 260–32,6. 7 Anspr. A.-Z.: 423285. Entspr. FrP 1462052.

OeP 260540. Verfahren zur Beschleunigung der Polymerisation von mehr als 6 Ringglieder enthaltenden Lactamen. Erf.: *Antal Schnitta* u. *Istrán Gáspar.* Inh.: „Licencia" Találmányokat Ertékesitö Vállalat, Budapest. A. 16. 4. 65, B. 15. 6. 67. Kl.: 39b, 21. A.-Z.: 3545/65. Prior.: 17. 4. 64 u. 5. 4. 65 (Un).

GBP 1084324. Herstellung von Polyamiden. Inh.: Imperial Chemical Industries Ltd. A. 23. 6. 65, B. 20. 9. 67. Kl.: C3.R. Int. Kl.: C 08g 19/00. A.-Z.: 26596/65. Entspr. FrP 1484409, FrP 1484410 u. FrP 1484411.

FrP 1492481. Neue kationische Ester, neue Polymere und deren Copolymere, Herstellung und Anwendung. Inh.: Shell Internationale Research Maatschappij N. V. A. 8. 9. 66, B. 18. 8. 67. Int. Kl.: C 07c u. C 08f. A.-Z.: 75689.

GBP 1079516. Fluorhaltige aromatische Polyester. Inh.: Monsanto Chemicals Ltd. A. 18. 6. 65, B. 16. 8. 67. Kl.: C3.R. Int. Kl.: C 08g 17/08. A.-Z.: 25909/65.

USP 3342780. Reaktionsprodukt von einer zweibasischen Polycarbonsäure und Tris-2-hydroxyäthyl-isocyanurat. Erf.: *John F. Meyer* u. *Edmund J. Zalewski.* Inh.: Schenectady Chemicals Inc., Schenectady, N. Y. A. 16. 6. 61, B. 19. 9. 67. Kl.: 260–75. 12 Anspr. A.-Z.: 117499.

DAS 1247653. Verfahren zur Herstellung von Polyoxymethylenen durch Polymerisation von Formaldehyd in der Gasphase. Erf.: *Eiji Fukita, Shogo Fujita* u. *Yasutaka Ishibashi.* Anm.: Kurashiki Rayon Co. Ltd., Sakazu, Kurashiki (Ja). A. 19. 4. 63, B. 17. 8. 67. Kl.: 39c, 18. A.-Z.: K 49512 IVd/39c. Prior.: 21. 4. 62 (Ja; A.-Z.: 16450). Entspr. SzP 427284, GBP 991515 u. USP 3281395.

USP 3346538. Hochmolekulare Dichloracetaldehydhomopolymere und Verfahren zur Herstellung. Erf.: *Clarence L. Sturm, Donald E. Hudgin* u. *Irving Rosen.* Inh.: Diamond Alkali Co., Cleveland, Ohio. A. 29. 7. 63, B. 10. 10. 67. Kl.: 260–67. 13 Anspr. A.-Z.: 298409. Entspr. DAS 1233139 u. GBP 1017268.

USP 3344120. Trioxan/Norbornadien-Copolymere. Erf.: *Irving Rosen.* Inh.: Diamond Alkali Co., Cleveland, Ohio. A. 19. 4. 65, B. 26. 9. 67. Kl.: 260–73. 13 Anspr. A.-Z.: 449271. Entspr. FrP 1460655.

DAS 1247661. Verfahren zur Herstellung von Polymerisaten. Erf.: *Gerhard Färber* u. *Wilhelm Kersken.* Anm.: Deutsche Solvay-Werke GmbH, Schlingen-Ohligs, Kelderstr. 4. A. 2. 3. 65, B. 17. 8. 67. Kl.: 39c, 25/01. A.-Z.: D 46644 IVd/39c. Entspr. FrP 1480171 u. GBP 1069232.

DAS 1247662. Vorrichtung zur Durchführung eines Verfahrens zum Erzeugen von Kunststoffen durch Teilacetalisierung bzw. -ketalisierung von Polyvinylalkoholen. Erf.: *Gotthilf Reusch.* Anm.: Fa. J. Eberspächer, Eßlingen/Neckar, Eberspächerstr. 24. A. 31. 3. 62, B. 17. 8. 67. Kl.: 39c, 25/01. A.-Z.: E 22650 IVd/39c, Entspr. FrP 1367467.

OeP 260524. Verfahren zur Herstellung ungesättigter Mischpolymerisate. Inh.: Stamicarbon N. V., Heerlen (Nd). A. 1. 6. 65, B. 15. 6. 67. Kl.: 39b, 12. A.-Z.: 4958/65. Prior.: 2. 6. 64 (Nd).

FrP 89814 Zus. z. Pat. 1353179. Olefin-Mischpolymere und ihre Herstellungsverfahren. Erf.: *G. Natta, G. Mazzanti, A. Valvassori* u. *G. Sartori.* Inh.: Montecatini. A. 10. 3. 66, B. 25. 8. 67. Int. Kl.: C 08f. A.-Z.: 52858. Prior.: 16. 3. 65 (It; A.-Z.: 5760/65).

FrP 1493765. Verfahren zur Herstellung von katalytisch aktivem $TiCl_3$ Inh.: Società Italiana Resine S. p. A. A. 23. 7. 66, B. 1. 9. 67. Int. Kl.: B 01j u. C 08f. A.-Z.: 70603. Prior.: 23. 7. 65 (It; A.-Z.: 16700/65).

GBP 1076322. Verfahren zur Polymerisation von α-Olefinen. Inh.: Soc. Edison S. p. A. Settore Chimico. A. 7. 8. 64, B. 19. 7. 67. Kl.: C3.P. Int. Kl.: C 08f 1/66. A.-Z.: 32177/64. Prior.: 9. 8. 63 (It; A.-Z.: 16878). Entspr. SzP 442755 u. FrP 1423693.

GBP 1082038. Verfahren zur Wirbelschichtpolymerisation von olefinartig ungesättigten Kohlenwasserstoffen. Inh.: Shell Internationale Research Maatschappij N. V. A. 20. 6. 66, B. 6. 9. 67. Kl.: C3.P. Int. Kl.: C 08f 1/04. A.-Z.: 27471/66. Prior.: 22. 6. 65 (Nd; A.-Z.: 6507968). Entspr. FrP 1484893.

GBP 1084953. Copolymere und Verfahren zu ihrer Herstellung. Inh.: Imperial Chemical Industries Ltd. A. 31. 1. 64, B. 27. 9. 67. Kl.: C3.P. Int. Kl.: C 08f 15/04. A.-Z.: 4220/64. Entspr. FrP 1425628.

USP 3342791. N-Acyl-acryloxyalkanamide. Polymere davon und Verfahren zur Herstellung der Monomeren und Polymeren. Erf.: *Everett J. Kelley.* Ith.: Rohm & Haas Co., Philadelphia, Pa. A. 11. 12. 64, B. 19. 9. 67. Kl.: 260–86,1. 13 Anspr. A.-Z.: 417827.

USP 3342794. Reinigung von Polymerisaten. Erf.: *Ben B. Buchanan.* Inh.: Phillips Petroleum Co. A. 20. 12. 63, B. 19. 9. 67. Kl.: 260–93,7. 6 Anspr. A.-Z.: 332090. Entspr. FrP 1402184 u. GBP 1051049.

USP 3345352. Katalytisches Verfahren für den thermischen Abbau von Polyolefinen. Erf.: *Joseph J. Baron jr.,* u. *Julius P. Rakus.* Inh.: Allied Chemical Corp., New York, N. Y. A. 21. 2. 64, B. 3. 10. 67. Kl.: 260 bis 93,7. 13 Anspr. A.-Z.: 346403. Entspr. FrP 1425695.

DAS 1247665. Verfahren zur Herstellung elastisch-thermoplastischer Formmassen. Erf.: *Karl-Heinrich Knapp, Karl Dinges* u. *Karl-Heinz Otto.* Anm.: Farbenfabriken Bayer AG, Leverkusen. A. 7. 2. 63, B. 17. 8. 67. Kl.: 39c, 25/05. A.-Z.: F 38947 IVd/39c.

GBP 1079503. Synthetisches Elastomeres. Inh.: Courtaulds Ltd. A. 4. 6. 63, B. 16. 8. 67. Kl.: C3.R. Int. Kl.: C 08g 23/00. A.-Z.: 22092/63. Entspr. FrP 1397726.

GBP 1085245. Verfahren und Vorrichtung zum Ausführen exothermer Reaktionen. Inh.: Esso Research & Engineering Co. A. 11. 12. 64, B. 27. 9. 67. Kl.: B1.X. Int. Kl.: B 01j 1/00. A.-Z.: 50588/64. Prior.: 11. 12. 63 (US; A.-Z.: 329817).

OeP 260549. Verfahren zur Herstellung von makromolekularen Polyacrylenäthern. Inh.: N. V. Onderzoekingsinstitut Research. Arnheim (Nd). A. 14. 4. 66, B. 15. 6. 67. Kl.: 39b, 23. A.-Z.: 3543/66. Prior.: 15. 4. 65 (Nd).

Klasse 42k, 50. Verfahren, Vorrichtungen und Maschinen zum Prüfen von Fasern, Fäden, Garnen, Geweben auf ihre mechanischen und Festigkeitseigenschaften, auf Spannungen, mechanische Unregelmäßigkeiten, Drall (Drehung), Porosität

USP 3344664. Spannungsmesser. Erf.: *Erwin J. Saxl.* Inh.: Tensitron, Inc, Harvard, Mass. A. 8. 4. 65, B. 3. 10. 67. Kl.: 73–144. 3 Anspr. A.-Z.: 446689.

USP 3344660. Mittels Vakuum zu befestigende Meßskala zur Messung von Spannungen in elastischen, viskoselastischen und plastischen Materialien mit niedrigem Modul. Erf.: *John B. Baldwin.* Inh.: Thiokol Chemical Corp., Bristol, Pa. A. 28. 9. 64, B. 3. 10. 67. Kl.: 73–8. 1 Anspr. A.-Z.: 399672.

Klasse 47k. Allgemein anwendbare Verfahren und Vorrichtungen zum Bewegen, Führen und Speichern, z. B. Wickeln von faden-, draht-, seil-, kabel-, schlauch-, band- oder bahnförmigem Gut

USP 3341911. Vorrichtung zum Ablegen texturierter Materialien. Erf.: *John Winston Smith.* Inh.: Eastman Kodak Co., Rochester, N. Y. A. 12. 11. 65 B. 19. 9. 67. Kl.: 28–1. 9 Anspr. A.-Z.: 507443.

USP 3341912. Vorrichtung zum Vernetzen von Fadenkabeln. Erf.: *Richard F. Dyer* u. *Paul Gallagher.* Inh.: Eastman Kodak Co., Rochester, N. Y. A. 26. 11. 65, B. 19. 9. 67. Kl.: 28–1. 9 Anspr. A.-Z.: 528002 (ausgesch. aus Pat. m. A.-Z.: 263641. A. 7. 3. 63).

Klasse 55b. Verfahren zur Herstellung von Zellstoff, Zellstoffkocher, Wiedergewinnung der Ablauge und Abgase

OeP 260006. Verfahren zur Herstellung von Zellstoff. Inh. Theodor N. Kleinert, Ponte Claire (Ca). A. 23. 10. 64, B. 15. 5. 67. Kl.: 55c, 1/10. A.-Z.: 9021/64. Prior.: 25. 10. 63 (Ca).

OeP 260007. Verfahren zur Herstellung von Zellstoff oder Holzschliff. Erf.: *Robert R. Kindron* u. *Louis P. Cartsunis.* Inh.: FMC Corp., New York. A. 7. 12. 64, B. 15. 5. 67. Kl.: 55c, 1/20. A.-Z.: 10334/64.

Literaturschau

Auszug aus Lieferung 9 und 10/1968 der Referatekartei „Faserstoffe und Textiltechnik", zusammengestellt von der Abteilung Wissenschaftliches Berichtswesen des Instituts für Faserstoff-Forschung der DAW 153 Teltow-Seehof, Kantstr. 55

I. Wissenschaftliche Grundlagen

Šemjakin, F. M., Zelenina, E. N.: Allgemeine qualitative Analysenmethode von monomeren und polymeren organischen stickstoffhaltigen Verbindungen. Ž. vsesojuz. chim. Obšč. Mendeleeva (Z. chem. Allunions-Mendelejew-Ges.) **13** (1968) 1, S. 117–118.

Allgemeines

(Untersuchungsmethoden u. a.)

Bondarenko, N. F.: Einfluß intermolekularer Wasserstoffbindungen auf den Charakter des Fließens von Flüssigkeiten in Kapillaren. Ž. fizic. Chimii (Z. physik. Chemie) **42** (1968) 1, S. 225–226.

Loasby, R. G.: Eine heiß-kalt-Mikroskopiervorrichtung von geringer Trägheit. J. sci. Instruments (J. Physics E) **1** (1968) 2, S. 148–149.

Plezch, R.: Die Fehlerstatistik der Quantenzählung bei Röntgenanalysenverfahren. ATM. Arch. techn. Messen ind. Meßtechnik (1968) 384 (Jan.), S. R1–R9.

Steppuhn, A.: Ein kontinuierlich arbeitender Titrierautomat zur Messung von Wasser in vorzugsweise organischen Flüssigkeiten. Meßtechnik **76** (1968) 3, S. 47–50.

Peters, H., Tappe, E.: Mischungsenthalpien im System Dimethylformamid-Wasser. Mber. dt. Akad. Wiss. Berlin **9** (1967) 9/10, S. 692–698.

Physik und Chemie der Hochpolymeren

Bartenev, G. M., Gluchatkina, L. G.: Viskosimetrische Methode zur Verfolgung der Kinetik des Ordnungsvorganges der Moleküke oberhalb der Einfriertemperatur in amorphen Polymeren. Vysokomol. Soed. (Hochmol. Verbind.) **10A** (1968) 2, S. 400–404.

Schulz, G. V., Penzel, E.: Expansionskoeffizient (α) und zweiter Virialkoeffizient (A_2) der Lösungen von Cellulosetrinitraten in Aceton. Makromol. Chemie **212** (1968) S. 260–280.

Boguth, W., Repges, R.: Mikrobestimmung des Molekulargewichtes von Proteinen mittels UV-Spektrophotometrie an Sephadexkugeln. Z. wiss. Mikroskopie, mikroskop. Technik **68** (1967) 4, S. 241–247.

Cumberbirch, R. J. E., Jeffries, R.: Infrarot/Deuterierungs-Untersuchung von regenerierten Cellulosefaserstoffen. J. appl. Polymer Sci. **11** (1967) 11, S. 2083–2095.

Larin, P. P., Tašmuchamedov, S. A., Tašpulatov, Ju. T., Tillaev, R. S., Usmanov, Ch. U.: UR-spektroskopische Untersuchung von aus isotaktischem Polypropylen und Vinylacetat bzw. Methacrylsäure hergestellten Pfropfcopolymeren. Vysokomol. Soed. (Hochmol. Verbind.) **10A** (1968) 2, S. 310–314.

Murano, M.: NMR-Spektrum von Polyacrylnitril und dessen Lösungsmittelabhängigkeit. Makromol. Chemie **112** (1968) S. 281–285. (engl.).

Okita, K., Teramoto, A., Kawahara, K., Fujita, H.: Lichtstreuung und Refraktometrie eines monodispersen Polymeren in binären Lösungsmittelgemischen. J. physic. Chem. **72** (1968) 1, S. 278–285.

Luisi, P. L., Chiellini, E., Franchini, P. F., Orienti, M.: Stereoregularität und Dipolmomente von optisch aktiven Polyalkylvinyläthern. Makromol. Chemie **112** (1968) S. 197–209 (engl.).

Kuleznev, V. N., Dogadkin, B. A., Klykova, V. D.: Über die Struktur von Polymerdispersionen in einem Polymeren. Kolloid. Ž., Moskva **30** (1968) 2, S. 255–257.

Schroth, R.: Orientierungs- und Desorientierungserscheinungen während der Verstreckung und Fixierung amorpher Polyesterfäden. Faserforsch. u. Textiltechnik **19** (1968) 5, S. 230–235.

Livšic, I. A., Denisova, T. T.: Über die Struktur des Pentadien-1,3. Dokl. Akad. Nauk SSSR (Ber. Akad. Wiss. UdSSR) **179** (1968) 1, S. 98 bis 101.

Ryšavý, D., Slama, Z.: Beitrag zum Studium der Beziehungen zwischen der Struktur und der Wirksamkeit von Phosphit-Stabilisatoren. Chem. Prüm., Praha (Chem. Ind.) 18(43) (1968) 1, S. 20–23.

Heidemann, G., Jellinek, G., Ringens, W.: Zur Struktur von Polyurethan-Elastomerfasern. Kolloid-Z./Z. Polymere **221** (1967) 2, S. 119–121.

Miller, B.: Isotherme Kristallisationsmessungen an Polyäthylenterephthalat durch Differentialenthalpieanalyse. J. appl. Polymer Sci. **11** (1967) 11, S. 2343–2348.

Ziabicki, A.: Näherungstheorie für nichtisothermische Kristallisation von Polymeren. Polimery, Warszawa **12** (1967) 9, S. 405–410.

Takserman-Krozer, R., Ziabicki, A.: Statistische Theorie für Kontakte zwischen den Segmenten linearer Makromoleküle in kondensierten Polymeren und in Lösungen. Polimery, Warszawa **12** (1967) 9, S. 401–405.

Gunesch, H., Brandsch, J., Löffler, A., Roth, B.: Bestimmung des Verzweigungsgrades einiger Polyvinylacetate. Materiale plast., Bucureşti **4** (1967) 6, S. 301–302.

Ward, W.: Eine Akzessibilitätsbestimmung von Baumwollcellulose gegenüber Formaldehyd in der Dampfphase. Textile Res. J. **37** (1967) 12, S. 1085–1086.

Whittington, S. G., Williams, P. J.: Auswertung von (Ketten)-Endeinflüssen in einem Markoffschen Kettenmodell für Konfigurationseigenschaften langkettiger Moleküle. J. physic. Chem. **72** (1968) 1, S. 372 bis 373.

Mieck, K.-P.: Zum Einfluß der Verstreckung von Polyamidcordseide auf die Gebrauchseigenschaften daraus hergestellter Polyamidcorde. II. Versuchsergebnisse. Statische und dynamische Eigenschaften. Faserforsch. u. Textiltechnik **19** (1968) 5, S. 202–210.

Dubinskaja, A. M., Butjagin, P. Ju.: Reaktionen von polymeren freien Radikalen bei tiefen Temperaturen. Anlagerung an die Doppelbindung. Vysokomol. Soed. (Hochmol. Verbind.) **10A** (1968) 2, S. 240–244.

Philipp, B., Lang, H.: Über Symplexe von Cellulosederivaten. IV. Mitteilung: Zur Symplexbildung zwischen Carboxymethylcellulose und polymeren Aminen. Faserforsch. u. Textiltechnik **19** (1968) 5, S. 217 bis 223.

Elias, H.-G., Gerber, J.: Multimerisation: Assoziation und Aggregation. VI. Geschlossene Assoziation von Poly-γ-benzyl-L-glutamat in gemischten Lösungsmitteln. Makromol. Chemie **112** (1968) S. 122–141.

Kamide, K., Kawai, T.: Einfluß der Ablagerungstemperatur des Polymeren bei der Säulenfraktionierung von semikristallinen Polymeren. Kobunshi Kagaku, Tokyo (Chem. High Polymers) **24** (1967) 272, S. 779 bis 784 (jap.; engl. Zusammenfass.).

Billups, W. E., Kurtz, A. N.: Gleichgewichtseinstellung bei Diastereoisomeren von Dichlorpentanen. Ein Modellsystem für Polyvinylchlorid. J. amer. chem. Soc. **90** (1968) 5, S. 1361–1362.

Bulygin, B. M.: Polarographische Bestimmung einiger Beimischungen in Polyoxypropylenpolyolen. Ž. anal. Chimii (Z. analyt. Chemie) **23** (1968) 3, S. 425–431.

Clampitt, B. H., Hughes, R. H.: Differentialthermoanalytisch bestimmte Kristallinitätsgrade und Schmelzpunkte von Äthylen/Vinylpyrrolidon-Copolymeren. Analytic. Chem. **40** (1968) 2, S. 449–451.

Wiesener, E.: Differential-thermoanalytische Untersuchungen an Polyäthylenterephthalat. I. Ein exothermer Peak im Schmelzbereich. Faserforsch. u. Textiltechnik **19** (1968) 5, S. 235–238.

Mačjulis, A. N., Stinskas, A. V., Banevičjus, R. B., Pugina, M. I.: Über die Beurteilungsmethode des Einflusses von Stabilisatoren auf die thermische Beständigkeit von Polycaproamid. Zavodsk. Labor., Moskva (Betriebslabor) **34** (1968) 1, S. 52–55.

Whitney, J. M.: Einfluß der mikromechanischen Parameter auf die Gesamteigenschaften von faserverstärkten Kunststoffen. Textile Res. J. **37** (1967) 12, S. 1008–1013.

Amrhein, E., Müller, F. H., Schulze, H. W.: Messungen der dielektrischen Anisotropie im GHz-Bereich. Kolloid-Z./Z. Polymere **221** (1967) 2, S. 103–108.

Grassie, N., Roche, R. S.: Der thermische Abbau von Polyoxymethylen. Makromol. Chemie **112** (1968) S. 16–33 (engl.).

Aboul-Seoud, A.: Eine Untersuchung der Reaktion von Cellulose mit methanolischer Natriumhydroxidlösung. Faserforsch. u. Textiltechnik **19** (1968) 5, S. 228–230.

Barker, R. H., Vail, S. L.: Der Mechanismus der Bildung und Hydrolyse von Vernetzungen in Cellulose. Textile Res. J. **37** (1967) 12, S. 1077 bis 1078.

ARNITE — ein neuer thermoplastischer Polyester. Kunststoff-Rdsch. **15** (1968) 3, S. 114–115.

Physik und Chemie der Monomeren und Oligomeren

Kolčin, I. K., Gribov, A. M.: Entwicklung der Herstellungstechnologie eines Katalysators für die oxydative Ammonolyse des Propylens. Chim. Prom. (Chem. Ind.) **44** (1968) 2, S. 1(81)–4(84).

Mayo, F. R.: Dimerisation von Styrol. J. amer. chem. Soc. **90** (1968) 5, S. 1289–1295.

Iwata, K., Iwakura, Y., Hayashi, K.: Konformationsuntersuchungen an Oligo-1-iso-butyl-äthylurethanen. Oligourethane. VII. Makromol. Chemie **112** (1968) S. 242–259 (engl.).

Polymerisation

Sasaki, H., Nagayama, M.: Thermische Zersetzung von zugesetzten Polymerisationsinitiatoren. I. Azobisisobutyronitril. J. appl. Polymer Sci. **11** (1967) 11, S. 2097–2108.

Fischmann, J., Thiele, R., Herbrich, D., Binder, J.: Mathematische Modelle der technischen Reaktionsführung bei Polymerisationsreaktionen. Chem. Technik **20** (1968) 4, S. 212–217.

Morozova, E. M., Morozov, A. S., Eliseeva, V. I.: Vorrichtung für die thermometrische Untersuchung der Polymerisationskinetik in einer dünnen Schicht. Ž. fizič. Chimii (Z. physik. Chemie) **42** (1968) 1, S. 297 bis 299.

Photopolymerisationssysteme reifen heran. Chem. engng. News **46** (1968) 10, S. 46–47.

Kikukawa, K., Nozakura, Shun'ichi, Murahashi, S.: Copolymerisation von Divinylcarbonat. Kobunshi Kagaku, Tokyo (Chem. High Polymers) **24** (1967) 272, S. 801–806 (jap.; engl. Zusammenfass.).

Salamatina, O. B., Boneckaja, A. K., Skuratov, S. M., Fabričnyj, B. P., Šalavina, I. F., Gol'dfarb, Ja. L.: Über den Einfluß der Lage des Substituenten auf die Polymerisierbarkeit von C-alkylsubstituierten ε-Caprolactamen. Vysokomol. Soed. (Hochmol. Verbind.) **10B** (1968) 1, S. 10 bis 12.

Šittler, E., Šebenda, J.: Alkalische Polymerisation von 6-Caprolactam. XXXII. Die Kinetik der mit N,N,N',N'-tetraacetylhexamethylendiamin aktivierten Polymerisation. Coll. czechoslov. chem. Commun. **33** (1968) 1, S. 270–277.

Koršak, V. V., Frunze, T. M., Danilevskaja, L. B., Kurašev, V. V.: Synthese von Polyamidestern durch Copolymerisation eines Lactons mit einem Lactam. Izv. Akad. Nauk SSSR, Serija chim. (Nachr. Akad. Wiss. UdSSR, Chemie) (1968) 3, S. 637–642.

Zambelli, A., Pasquen, I., Signorini, R., Natta, G.: Polymerisation von Polypropylen zu syndiotaktischen Polymeren. III. Verhalten des Katalysatorsystems $VCl_4/Al(C_2H_5)_2Cl$ in Gegenwart von Lewis-Basen. Makromol. Chemie **112** (1968) S. 160–182 (engl.).

Noma, K., Niwa, M.: Copolymeres von Maleinsäureanhydrid. VIII. Copolymerisation von Maleinsäureanhydrid und Allylglycidyläther. Kobunshi Kagaku, Tokyo (Chem. High Polymers) **24** (1967) 272, S. 785–789.

Beder, N. M., Meglickij, V. A.: Über die Polymerisation von Acrylnitril in Gegenwart von Kaliumpersulfat-Natriummetabisulfat als Redox-System. Chim. Volokna (Chem. Fasern) (1968) 1, S. 19–21.

Gromov, V. F., Matveeva, A. V., Abkin, A. D., Chomikovskij, P. M., Mirochina, E. I.: Über den Einfluß des Mediums auf die Polymerisation von Acrylamid und Methacrylamid. Dokl. Akad. Nauk SSSR (Ber. Akad. Wiss. UdSSR) **179** (1968) 2, S. 374–377.

Skwarski, Tadeusz, Choiński, Zdzisław: Modifizierung von Polyacrylnitril durch Pfropfung mit Vinylacetat. Polimery, Warszawa **12** (1967) 9, S. 431–433.

Wojnarowski, T. J.: Copolymere aus Salzen von Acrylsäuren. I. Copolymere des Calciummethacrylats. Polimery, Warszawa **12** (1967) 11, S. 509–511.

Zil'berman, E. N., Feller, K. L., Sergeeva, M. E.: Polymerisation von Adiponitril. Vysokomol. Soed. (Hochmol. Verbind.) **10B** (1968) 1, S. 44–46.

Yamaguchi, T., Kawasaki, T., Matsuda, H.: Kationische Polymerisation von Formaldehyd. Makromol. Chemie **112** (1968) S. 40–48 (engl.).

Durgarjan, A. A., Terlemezjan, Ž. N., Kirakosjan, Z. A., Sarkisjan, G. S.: Untersuchung der Copolymerisation von Furfurol mit Styrol. Vysokomol. Soed. (Hochmol. Verbind.) **10A** (1968) 2, S. 303–309.

Tsunetsugu, T., Arimoto, K., Fueno, T., Furukawa, J.: Polymerisation von Methylphenylketen und dessen Copolymerisation mit Benzaldehyd. Makromol. Chemie **112** (1968) S. 210–219 (engl.).

Drefahl, G., Hörhold, H.-H., Hofmann, K. D.: Über Darstellung und Reaktion von p-Nitrosopolystyrol. J. prakt. Chemie, 4. Reihe, **37** (1968) 1/2, S. 91–96.

Drefahl, G., Hörhold, H.-H., Hofmann, K. D.: Polymerisationsfähige und polymere Verbindungen. IV. Ein makromolekulares Polyradikal vom Diphenylstickstoffoxid-Typ. J. prakt. Chemie, 4. Reihe **37** (1968) 3/4, S. 137–142.

Inoue, S., Ohashi, Shin'ichi, Tabata, A., Tsuruta, T.: Synthese von optisch aktiven Polymeren durch asymmetrische Katalysatoren. VIII. Asymmetrische Polyaddition von Dimercaptan an Dimethacrylat durch optisch atkives Amin als Katalysator. Makromol. Chemie **112** (1968) S. 66–72 (engl.).

Pryor, W. A.: Organische freie Radikale. Chem. engng. News **46** (1968) 3, S. 70–89.

Sonderfragen

Gergely, A., Kràlik, I., Komiszàr, V.: Grenzflächenaktive Stoffe, ihre polarographische Oberflächenaktivität und Wirksamkeit zur Herabsetzung der Oberflächenspannung. Fibre e Colori, Milano **17** (1967) 12, S. 487–489.

Attwood, D.: Lichtstreuungsuntersuchungen des Temperatureinflusses auf die Größe und Form der Micellen eines nichtionogenen Tensids in wäßriger Lösung. J. physic. Chem. **72** (1968) 1, S. 339–345.

Beresnev, V. N., Fermor, N. A., Smirnov, N. I.: Herstellung von synthetischen Latices unter Anwendung nicht-ionogener Tenside als Emulgatoren. Ž. prikl. Chimii (Z. angew. Chemie) **41** (1968) 1, S. 160–167.

II. Faserstoffe, Ausgangsstoffe usw.

Wdowiak, T.: Fasererzeugung in den sozialistischen Ländern. Przegl. włókienn. (Textil-Rdsch.) **22** (1968) 1, S. 24–26.

Naturfaserstoffe

Dorogov, Ju. I., Ternjuk, A. E.: Berührungsfreies kombiniertes Verfahren zum Messen der Faserfeuchte in einer Schicht von veränderlicher Dicke. Tekstil. Prom., Moskva (Textil-Ind.) **28** (1968) 2, S. 69–71.

Pflanzliche Faserstoffe

Die wachsenden Industrien des Fernen Ostens. Textile Month (1968) 2, S. 67, 70, 71, 73.

Mack, Ch. H., Donaldson, D. J.: Einfluß von Basen auf die Pyrolyse von Baumwollcellulose. Textile Res. J. **37** (1967) 12, S. 1063–1071.

Tierische Faserstoffe

Blankenburg, G., Dallmann, N.: Veränderung der Wolle durch feuchte Hitze mit besonderer Berücksichtigung der Sorption. Textil-Praxis **23** (1968) 3, S. 190–193.

Hoffmann, G.: Prüfverfahren für Wolle und ihr Einfluß auf die Praxis des Wollgeschäftes. Melliand Textilber. **49** (1968) 4, S. 405–407.

Chemiefaserstoffe

Moncrieff, R. W.: Japans Chemiefaserindustrie. Textile Manuf. **94** (1968) 1113, S. 100, 103.

Pugač, B. M., Perepelkin, K. E., Lobanov, N. V., Sorokin, E. Ja.: Untersuchung des Geschwindigkeitsfeldes in der Verstreckungszone von Chemiefaserstoffen. Chim. Volokna (Chem. Fasern) (1968) 2, S. 14–16.

Cellulose und Zellstoff

Croenert, H.: Hoch- und Höchstausbeutezellstoffe. Gegenwärtiger Stand und Zukunftsaussichten für Entwicklung ihrer technischen Produktion. Atip. Rev. Assoc. techn. Ind. pap., Paris **21** (1967) 6, S. 285–294

Voinescu, A., Voinescu, I., Mileu, I.: Beiträge zur Erkenntnis der Bildung und des Wachstums der Rhisome des gemeinen Schilfs (Phragmites sommunis). Celuloza şi Hîrtie, Bucureşti (Cellulose u. Papier) **16** (1967) 12, S. 458–462.

Ahlén, L., Göransson, S.: Eigenschaften des Vorhydrolysesulfat-Chemiezellstoffs aus Eucalyptus globulus. Svensk Papperstidn. **71** (1968) 1, S. 1–6 (engl.).

Stopka, F.: Schwefelverbrauch beim Sulfitaufschluß von Zellstoff. Papír a Celulóza, Praha **23** (1968) 3, S. 67–69.

Reichman, E., Răduleanu, M., Tocan, M., Stătescu, O.: Untersuchungen über fasrige und nichtfasrige Celluloseanteile und deren Einfluß auf die Erzeugung von Chemiezellstoffen aus Schilf. II. Vergleichsstudien über die Verarbeitung der fasirgen und nichtfasrigen Anteile zu Viskose. Celuloza şi Hîrtie, Bucureşti (Cellulose u. Papier) **17** (1968) 1, S. 7–18.

Nikitin, V. M., Nikitin, A. V., Čupka, E. I., Mitrofanova, L. L., Vyrodov, A. A., Zotov, I. M.: Basenloser Sulfitaufschluß im Holz im halbtechnischen Maßstab. Bumaž. Prom. (Papier-Ind.) (1968) 2, S. 7–9.

Philipp, B., Melms, F., Alsleben, H., Anders, W., Hedler, R., Jacopian, V.: Untersuchungen zur Herstellung von Zellstoffen durch Aufschluß mit Dimethylsulfoxid-SO_2-Wasser-Gemischen. Teil I: Laborversuche zur Gewinnung und Verarbeitung von Fichten-Textilzellstoff. Zellstoff u. Papier **17** (1968) 4, S. 99–105.

Tocan, M., Paşcă, E.: Die NaOH-Aufnahme und das Rückhaltevermögen von Buchenchemiezellstoffen in nassem und trockenem Zustand. Celuloza şi Hîrtie, Bucureşti (Cellulose u. Papier) **17** (1968) 1, S. 19–21.

Berndt, V., Blaže, Z., Fal'ber, M., Berndtova, E.: Verwendung nichtgewebter Materialien zur Filtration von Viskose. Chim. Volokna (Chem. Fasern) (1968) 1, S. 37–39.

Sapotnickij, S. A., Giterman, V. F.: Abbau von Zuckern unter den Bedingungen der thermischen Behandlung von Sulfitablauge. Gidroliz. i lesochim. Prom. (Hydrolyse- u. holzchem. Ind.) **21** (1968) 2, S. 14.

Zak, H., Moik, J.: Die Automatisierung der mechanischen und chemischen Sulfitzellstoffreinigung. Papier **22** (1968) 3, S. 109–120.

Jernqvist, Ake S.-H.: Kritik und Entwicklung einiger chemisch-technischer Kalkulationsmethoden. Svensk Papperstidn. **70** (1967) 23, S. 809–818 (engl.).

Tomek, A., Liptay, G., Simon, J., Erdey, L.: Die thermischen Eigenschaften des Holzes und seiner Bestandteile – Erste Mitteilung: Derivatographische Untersuchung von Zerreiche (Quercus cerris). Holz Roh- u. Werkstoff **26** (1968) 2, S. 45–50.

Paasonen, P. K., Jansson, O. G.: Zur gaschromatographischen Bestimmung von Monosacchariden in Sulfitablaugen. Paperi ja Puu, Helsinki (Papier u. Holz) **50** (1968) 2, S. 53–56.

Staník, V., Fiala, J., Mihálik, P.: Dimethylierung von Lignin während der Zubereitung von Dimethylsulfid aus Sulfitablaugen. Sborník Výskum. Prác Odboru Pap. Celulózy (Samml. Forsch. Arb. Papier-Zellstoffind.) (1967) S. 41–45. In: Papír a Celulóza, Praha **22** (1967) 9.

Regeneratfaserstoffe

Heuer, K.: Trends in der Entwicklung von Viskoseelementarfäden und -fasern. Svensk Papperstidn. **70** (1967) 23, S. 793–798 (engl.).

Bondarenko, G. L., Griščenko, A. Z., Nadeždin, A. V., Stepanenko, B. I., Mocarenko, A. P., Turčanenko, Ju. T.: Automatisierung des Herstellungsprozesses der Arbeitslauge. Chim. Volokna (Chem. Fasern) (1968) 2, S. 62–64.

Gajdukov, K. A., Popova, L. A., Beljatinskaja, L. S., Lerčuk, N. N.: Abhängigkeit der Färbegleichmäßigkeit von Viskoseseide von den Erspinnungsbedingungen. Chim. Volokna (Chem. Fasern) (1968) 2, S. 29–31.

Cvetkov, V. K.: Beseitigung der Schaumbildung im Fäll- und Avivagebad bei der Erzeugung von hochfestem Viskosecord. Chim. Volokna (Chem. Fasern) (1968) 1, S. 75–76.

Pestel, K., Sarembe, K.-H.: Messung der Schnittkräfte an der Faserschneidemaschine Modell 1110. Faserforsch. u. Textiltechnik **19** (1968) 5, S. 197 bis 201.

Die Bedingungen begünstigen noch immer die Polynosicfaserstoffe. Textile Month (1968) 2, S. 63.

Synthetische Faserstoffe

Faser Y – die neueste aus Du Pont's Reagenzglas. Textile Month (1968) 1, S. 90, 92.

Skraga, J., Basiński, A., Czajkowski, A., Milewicz-Dabek, E.: Einfluß der Alterung von nichtorientierten Polyäthylenterephthalatfasern auf die Strukturveränderung bei der Verstreckung. Polimery, Warszawa **12** (1967) 9, S. 425–430.

Kremnev, O. A., Borovskij, V. R., Mišnaevskij, L. M., Šarkova, N. A., Chruzin, N. A., Starcov, A. K., Krivokobyl'skij, Ja. E., Grabov, L. N., Gorbenko, V. V.: Intensivierung der Extraktion und Trocknung von Kapronschnitzeln. Chim. Volokna (Chem. Fasern) (1968) 2, S. 68–70.

Holtappels, H.: Verfahren und Anlagen für die Herstellung von Flachfäden (Bändchen) und multifilen Garnen aus Polypropylen und Polyäthylen. Z. ges. Textilind. **70** (1968) 3, S. 161–166.

Maslowski, E., Fiszer, L., Cypryk, J.: Erspinnen von Polyvinylalkoholfäden aus plastifizierter Schmelze. Polimery, Warszawa **12** (1967) 11, S. 513–516.

Müller, I.: Wolpryla 65 – eine neue Polyacrylnitrilfaser und deren Einsatz in der Wirkerei- und Strickereiindustrie. Bekleid. u. Maschenware **7** (1968) 2, S. 58–62.

Munteanu, V., Chiriacescu, E.: Über die Qualitätskontrolle von Elastomerfäden. Ind. textilă, Bucureşti **19** (1968) 2, S. 73–75.

Bemerkenswerte Eigenschaften von Kohlenstoffasern. Internat. Dyer, Textile Printer, Bleacher, Finisher **139** (1968) 5, S. 302.

Radu, E.: Die Verwendung monofiler synthetischer Fäden von 3,4 tex (30 den) bei der Herstellung feiner Damenstrümpfe. Ind. textilă, Bucureşti **19** (1968) 3, S. 159–161.

Künstliche mineralische Faserstoffe

Rassovskij, G. M.: Entwicklungsperspektiven und Verwenden von Glasfaserstoffen und Glasseidengeweben in der Volkswirtschaft. Izv. vysšich uč. Zav. Technol. Tekstil. Prom. (Hochschulnachr. Technol. Textil-Ind.) (1967) 6, S. 153–154.

Stranský, V.: Metalloplastische Fasern für die Textilindustrie. Textil, Praha 23 (1968) 3, S. 83–84.
Nixdorf, J., Rochow, H.: Neues Verfahren zur Herstellung mikrofeiner Metallfäden. Umschau Wiss. Technik 68 (1968) 6, S. 184.

Ausgangsstoffe. Schaumstoffe. Kautschuk

Kovarskaja, B. M., Levantovskaja, I. I., Jazvikova, M. P., Nejman, M. B.: Über die Beurteilung der Wirksamkeit von Stabilisatoren für Thermoplaste. Plast. Massy, Moskva (Plast. Massen) (1968) 2, S. 67–70.
Wolf, B., Boiangiu, T.: Einachsig verstreckte Polypropylen-Folien. Materiale plast., București 4 (1967) 6, S. 298–300.
Schrader, Hg.: Monoaxial gereckte Folienbänder – eine bedeutsame Entwicklung auf dem Kunststoffgebiet. Z. ges. Textilind. 70 (1968) 3, S. 134 bis 136.
Whitney, J. M.: Mechanische Grundlagen von faserverstärkten Kunststoffen. Textile Res. J. 37 (1967) 12, S. 1056–1062.
Polypropylen auf dem Wege zum Massenkunststoff. Chem. Ind. Düsseldorf 20 (1968) 2, S. 81–83.

III. Fäden-Herstellungstechnologien

Spinnerei. Zwirnerei

Spinnereivorbereitung

Grober, A. D.: Einfluß der Wahrscheinlichkeitskennwerte der Rohbaumwolle und des Egrenierens auf die Baumwollfaserqualität. Izv. vysšich uč. Zav. Technol. tekstil. Prom. (Hochschulnachr. Technol. Textil-Ind.) (1967) 6, S. 37–43.
Kořenský, K.: Die aerobe Röste in der Tschechoslowakei. Techn. Textilien 11 (1968) 1, S. 1–3.
Reiterer, F., Frank, E.: Das Öffnen von Baumwolle mit einem Spezial-Ventilator. Spinner, Weber, Textilveredlung 86 (1968) 3, S. 201–206 (dt. u. engl.)
Pilisi, J.: Wollwäscherei. Ind. textile, Paris (1968) 965, S. 95–98.
Iredale, J. A., Robinson, R. A.: Australische, Kap- und südamerikanische Wollkammzüge. Textile Manuf. 94 (1968) 1117, S. 3–5.
Slyvakov, V. E.: Fachen und Mischen bei der Faserbandbildung auf der Stapelschneidmaschine LSPR-12. Tekstil. Prom. Moskva (Textil-Ind.) 28 (1968) 2, S. 25–28.
Jeanmaire, W., Hug, H.: Automatisierung vom Baumwollballen bis zum Flyer. Z. ges. Textilind. 70 (1968) 4, S. 199–202.
Buturović, I. Ch.: Dynamik des Faserflusses auf der Deckelkarde. Izv. vysšich uč. Zav. Technol. tekstil. Prom. (Hochschulnachr. Technol. Textil-Ind.) (1967) 6, S. 55–59.

Spinnerei

Merényi, G.: Analytische Vergleichsprüfung der Produktivität von Ringspinnmaschinen. Teil I. Magyar Textiltechn. 20 (1968) 3, S. 108–112.
Riesiges Werk produziert wöchentlich rund 70 t Garn, das für den Verkauf bestimmt ist. Textile World 118 (1968) 2, S. 63–67.
Dakin, G.: Strecken und Spinnen kurzer Fasern – in Basel und morgen. Textile Inst. Ind. 6 (1968) 3, S. 67–68.
Malinowski, M.: Einfluß der Abnehmergeschwindigkeit auf die Kardierintensität bei Flachsfasern. Techn. Textilien 11 (1968) 1, S. 3–6.
Budnikov, V. I.: Die Rolle der Andrückschiene im Streckfeld. Tekstil. Prom., Moskva (Textil-Ind.) 28 (1968) 2, S. 22–25.
Morozov, A. V., Macepuro, N. I., Čelyšev, A. M.: Geradestrecken der Fasern im elektrostatischen Feld. Tekstil. Prom., Moskva (Textil-Ind.) 28 (1968) 2, S. 19–22.
Zerčaninov, A. A.: Verziehen des Faserflusses in einem aerodynamischen Feld. Tekstil. Prom., Moskva (Textil-Ind.) 28 (1968) 2, S. 14–17.
Stutz, H.: Gedanken zur Automatisierung der Spinnerei. Melliand Textilber. 49 (1968) 4, S. 398.
Pozdnjakov, B. P.: Haupttendenzen der Entwicklung der technischen Kontrolle beim Spinnen. Tekstil. Prom., Moskva (Textil-Ind.) 28 (1968) 2, S. 67–69.

Erzeugnisse der Spinnerei und Zwirnerei

Qualitätskontrolle durch Knotenzählung. Melliand Textilber. 49 (1968) 4, S. 422–423.
Kammgarnringspinnmaschine für das Spinnen von groben Vorgarnen. Textile Month (1968) 1, S. 84.
Travníček, Z.: Aus der Erzeugung der Polyamid-Cordseide in der UdSSR. Textil, Praha 23 (1968) 3, S. 89.

Texturfäden

Die Eignung der texturierten Acetat- bzw. Acetat/Nylon-Garne „LANCOLA" für den Maschenwarensektor. Wirk.- u. Strick.-Technik 18 (1968) 4, S. 188.
Lin, M. E., Komras, I. E.: Automatische Regelung der Temperatur in den Thermofixierkammern von Maschinen zur Herstellung von Texturfäden. Chim. Volokna (Chem. Fasern) (1968) 2, S. 75–77.
Höhere Geschwindigkeiten bei der Falschdrahtkräuselung. Textile Month (1968) 1, S. 82.

IV. Flächengebilde-Herstellungstechnologien

Wird die Maschenware das Gewebe entthronen? Ind. textile, Praxis (1968) 965, S. 147–152.
Entwurf von Bekleidungsstoffen. Textile Manuf. 94 (1968) 1118, S. 67–68.

Materialvorbereitung

Sevast'janov, P. I.: Photorelais zur Berechnung der Bewegungen einer Spulerin. Mechaniz. Avtomatiz. proizvodstva (Mechanis Automatis. Produktion) 22 (1968) 3, S. 46.
Beskin, L. Z., Subbotin, N. P.: Erfahrungen mit der Anwendung eines hydrodynamischen Rührwerks bei der Schlichtezubereitung. Tekstil. Prom., Moskva (Textil-Ind.) 28 (1968) 2, S. 36–38.
Schmitz, K.: Neue Vorrichtungsmöglichkeit an Schär- und Zettelgattern. Spinner, Weber, Textilveredlung 86 (1968) 4, S. 315–322.
Ramaszéder, K.: Die Zubereitung der Schlichtemittel. Spinner, Weber, Textilveredlung 86 (1968) 3, S. 207–214 (dt. u. engl.).

Weberei

In welchem Maße kann das Ausnähen mechanisiert werden? Ind. textile Paris (1968) 964, S. 55–58.
Kuligin, A. V.: Untersuchen von Parametern des Webprozesses auf schützenlosen Webmaschinen STB-2-330. Izv. vysšich uč. Zav. Technol. tekstil. Prom. (Hochschulnachr. Technol. Textil-Ind.) (1967) 6, S. 69 bis 72.

Weberei-Technologie

Macovei, M.: Schützenlose Webmaschinen. Einige Systeme und ihre Leistungen. Ind. textilă, București 19 (1968) 2, S. 80–92.
Walter, H.: Wie erreicht man bei schwierigen Geweben eine glatte Leiste? Melliand Textilber. 49 (1968) 4, S. 415–416.
Mzyk, H., Tille, M.: Problematik und Lösungsvorschläge für Webverfahren mit Wellenfachbildung. Dt. Textiltechnik 18 (1968) 4, S. 225 bis 230.
Schwabe, K.: Maximale Schußleistungen auf Webmaschinen. Z. ges. Textilind. 70 (1968) 4, S. 230–234.

Erzeugnisse der Weberei

Arthur, J. B.: Polyester für Teppiche. Melliand Textilber. 49 (1968) 4 S. 423–426.
Boczkowski, D.: Richtungen der optimalen Ausnutzung der Synthesefasereigenschaften beim Entwurf und der Konstruktion von Geweben. Przegl. włókienn. (Textil-Rdsch.) 22 (1968) 1, S. 7–10.
Zenčenko, M. A., Gorišnjaja, E. V., Kalačina, Ju. P.: Verfahren zum Verbinden der Gewebeenden mit Polymerenfilmen. Tekstil. Prom., Moskva (Textil-Ind.) 28 (1968) 2, S. 53.
Glasweberei macht Gesamtkonstruktion in dem neuen Werk der Fa. Stevens in Walterboro aus. Textile World 118 (1968) 2, S. 50–57.
Ausstellung von Polyesterfaser-Teppichen auf der Carpex '68. Internat. Dyer, Textile Printer, Bleacher, Finisher 139 (1968) 6, S. 383–385, 387.

Wirkerei und Strickerei. Konfektionstechnik. Sonstige Technologien

Geschlossene Dura-Vent-Spitze von Bentley und Billi. Hosiery Trade J. 75 (1968) 891, S. 87–88.

Wirkerei- und Strickerei-Technologie

Ragoza, I. V., Šerman, P. P.: Untersuchung des Fadendurchlaufs an Stäben mit kleinem Durchmesser. Izv. vysšich uč. Zav. Techn. legkoj Prom. (Hochschulnachr. Technol. Leichtind.) (1968) 1, S. 88–93.
Chiose, V.: Automatische Rundstrickmaschine zum Stricken von Baskenmützen. Ind. textilă, București 19 (1968) 2, S. 95–98.
Petrescu, S., Ionescu-Muscel, I., Rusanorschi, V., Nicolaŭ, I., Steinbach, I., Stănescu, G. H., Lucaci, Maria: Die Verwertung von Polyamid- und Polyesterabfällen, die beim Stricken und in der Konfektion anfallen. Ind. textilă, București 19 (1968) 3, S. 162–163.

Erzeugnisse der Wirkerei und Strickerei

Brodbeck, E.: Die Baumwolle in der Maschenindustrie. Wirk.- u. Strick.-Technik 18 (1968) 4, S. 139–140.
Modisch aktuelle Garnneuheiten aus Bayer-Fasern. Wirk.- u. Strick.-Technik 18 (1968) 4, S. 143–146.
Bemberg-Garne in der Wirkerei-Industrie. Wirk.- u. Strick.-Technik 18 (1968) 4, S. 151, 155–157.
LUREX C 50 zum Wirken und Stricken. Wirk.- u. Strick.-Technik 18 (1968) 4, S. 183–185.
Maschenware aus DOLAN-HB und DOLAN/Wolle-HB-Kammgarn. Wirk.- u. Strick.-Technik 18 (1968) 4, S. 182.

Konfektionstechnik

Reitmeier, F.: Arbeitsvorbereitung im Fertigungsbereich. Bekleid. u. Wäsche 20 (1968) 5, S. 302–306.
von Brandt, A.: Berechnung der Schnittführung beim Zuschneiden von Netztuchen. Prot. Fischereitechnik 11 (1968) 49, S. 1–30.
Reitmeier, F.: Die Bedeutung der Einrichtung als Organisationshilfsstelle der Arbeitsvorbereitung. Bekleid. u. Wäsche 20 (1968) 7, S. 470, 472, 474, 476, 478.
Zweckmäßige Lagerung von Nähfäden aller Art. Bekleid. u. Wäsche 20 (1968) 6, S. 383.
Ruchadse, G. Sch.: Gering dehnbare, formgerechte Doppelrippware für Oberbekleidung. Textil-Praxis 23 (1968) 3, S. 146–148.

Textilverbundstoffe

Hoher Wirkungsgrad bei der Bindung synthetischer Faserwatte. Textile Manuf. 94 (1968) 1119, S. 101–103.
Krŭma, R.: Klassifizierung der Textil-Verbundstoffe. Tekstil. Prom., Sofija (Textil-Ind.) 17 (1968) 2, S. 12–15.
Whitaker, P. B. F.: Textilverbundstoffe: Neues Verfahren und Materialien. Textile Manuf. 94 (1968) 1117, S. 12–13.
Auf welchem Stand befinden sich die Verbundstoffe in Osteuropa? Ind. textile, Paris (1968) 965, S. 129–146.

Faserverbundstoffe, Vliesstoffe

Hearle, J. W. S., Sultan, M. A. I., Choudhari, T. N.: Eine Untersuchung genadelter Stoffe. Teil II. Einflüsse des Nadelverfahrens. J. Textile Inst. 59 (1968) 2, S. 103–116.

Schichtstoffe

Burnett, R.: Das Nadeln. Mod. Textiles Mag. 49 (1968) 1, S. 33.
Wdowiak, T.: „Terrytuft" – eine neue Art von Florgeweben. Przegl. włókienn. (Textil-Rdsch.) 22 (1968) 2, S. 105–107.
Ponitz, W.: Mali-Stoffe: Herstellung und Einsatz. Textile Month (1968) 2, S. 42–43.
Tufting in den USA. Textile Month (1968) 2, S. 75, 77.

V. Textilveredlung

Herstellung, Ausrüsten und Färben von Rundwirk- und Rundstrickware aus textuiertem NEVANYLON oder textuiertem NEVA-PERLON. Wirk.- u. Strick.-Technik 18 (1968) 4, S. 185–186.

Farbstoffe. Textilhilfsmittel

Neuentwicklungen bei Reaktivfarbstoffen. Textile Month (1968) 2, S. 45 bis 47.

Die Anwendung hydrotroper Substanzen in der Textilveredlung. Melliand Textilber. 49 (1968) 4, S. 382.
Mizerovskij, L. N., Bykov, A. N., Gusev, V. K., Pytkova, G. A., Koroleva, E. G.: Wechselwirkung einiger Küpenfarbstoffe mit Polycaproamid. Chim. Volokna (Chem. Fasern) (1968) 2, S. 24–26.
24. Mitt. aus der Reihe „Synthese und Untersuchung von farbigen Hochpolymeren und Farbstoffen auf ihrer Basis".

Bleicherei. Sonstige Vorbehandlungsarbeiten der Textilveredlung

Bachmann, W.: Das Stabilisieren von Peroxid-Bleichflotten. Melliand Textilber. 49 (1966) 4, S. 449–450.
Sorokin, N. K.: Abquetschen beim Spülen von Flachsfaserband nach chemischer Behandlung. Izv. vysšich uč. Zav. Technol. tekstil. Prom. (Hochschulnachr. Technol. Textil-Ind.) (1967) 6, S. 44–48.

Färberei

Feikema, J. G.: Das Färben von Mischungen aus Polyester- und Cellulosefasern. I. II. Tex, Doetinchem/Nd. 27 (1968) 2, S. 85–88; 3, S. 151–154.
Charcharov, A. A., Paleševa, Z. S.: Über das Färben von Baumwollgeweben mit Alcian-Farbstoffen. Tekstil. Prom., Moskva (Textil-Ind.) 28 (1968) 2, S. 47–49.
Hall, A. J.: Vermeidung der „Streifigkeit" in Polyamidstoffen. Hosiery Times 41 (1968) 465, S. 56–57.
Weber, R., Huypen, H.-J.: Färben von Tufting-Teppichen aus Polyamid-Fasern. Teil II. Kontinue-Verfahren. Z. ges. Textilind. 70 (1968) 3, S. 151–153.
Solomon, I.: Betrachtungen über das Färben von Textilmaterialien aus natürlichen Fasern und Mischungen mit Chemiefasern. Ind. textilă, Bucureşti 19 (1968) 2, S. 101–103.
Mehrfarbige Polyamid-Kettengewirke – Unterschiedliche Wirkungen durch Stückfärben im Einbad. Hosiery Times 41 (1968) 465, S. 52, 54, 56.

Druckerei

Sommer, Ch., Dietz, H.: Das Bedrucken von Redon und anderen Polyacrylnitrilfasern mit basischen Farbstoffen. I. Melliand Textilver. 49 (1968) 4, S. 460–463.
Levičev, P. I., Burov, K. A.: Festlegen progressiver Wärmeverbrauchsnormen für Trockner der Druckmaschinen. Tekstil. Prom., Moskva (Textil-Ind.) 28 (1968) 2, S. 64–66.

Ausrüstung. Trocknung

Carl, W.: Isocyanate und Polyurethane in der Textilveredlung. Spinner, Weber, Textilveredlung 86 (1968) 3, S. 215–219 (dt. u. engl.).
Modifizierung von Wollfasern. Internat. Dyer, Textile Printer, Bleacher, Finisher 139 (1968) 5, S. 317, 319, 321.
Kroma, L.: Kombinierte Steif-, Flammfest- und wasserabweisende Ausrüstung von Polyamidgeweben. Textilveredlung, Weinfelden/Schweiz 3 (1968) 2, S. 67–78.
Konkin, A. A., Gabrieljan, G. A., Smol'nikova, O. G. (Schreibw. i. Orig.: *Gabrizljan, G. A.*): Die Vernetzung des Polycapronamids und der daraus hergestellten Fasern. Chem. Prům., Praha (Chem. Ind.) 17 (42) (1967) 11, S. 601–609.
Uhlig, E., Teichmann, R.: Pfropfpolymerisation auf Cellulose (Baumwolle), initiiert durch aktiven Braunstein. Faserforsch. u. Textiltechnik 19 (1968) 5, S. 239.
Flammfestmachen und flammenverzögernde Mittel. Textile Manuf. 94 (1968) 1118, S. 53–55.
Schicke, H. E.: Die Antifilzausrüstung der Wolle. Wirk.- u. Strick.-Technik 18 (1968) 4, S. 161, 162, 164, 166, 168, 170, 172–174.
Magin, B.: Neue Methoden der Bearbeitung von Wirk- und Strickwaren durch „TROFIX"-Trocknungs- und Ausrüstungstumbler. Wirk.- u. Strick.-Technik 18 (1968) 4, S. 175–178.
Tusveld, A.: Praktische Erfahrungen bei der Anwendung von Verbundtechniken. Tex, Doetinchem/Nd. 27 (1968) 2, S. 94–96.
Einhaltung der Breite führt zur Senkung der Bearbeitungskosten. Textile Manuf. 94 (1968) 1117, S. 31–32.
Dorset, B. C. M.: Erhöhung der Filz- und Schrumpffestigkeit von Wolle. Textile Manuf. 94 (1968) 1117, S. 24–30.

Wäscherei. Chemische Reinigung

Hartley, F. R., Wallace, B. J.: Modifikationen eines neueren Waschprozesses zur Herstellung von vergilbungsbeständiger Wolle. Textile Res. J. 27 (1967) 12, S. 1078–1079.
Delank, U.: Statistik von Schadenfällen. Textilreinigung 15 (1968) 4, S. 106–107.
Ueberschär, K., Teichmann, L.: Entwicklung des Alleinwaschmittels FEDAPON. Textilreinigung 15 (1968) 4, S. 118–121.
Fischer-Bobsien, C.-H., Renus, Et.: Heutige Chemieprodukte für Chemischreiniger im deutschsprachigen Wirtschaftsraum. Teil I. Chemischreiniger u. Färber/Färber-Ztg. 21 (1968) 3, S. 84–86, 88, 90, 94, 96, 98, 100–103.

VI. Werkstoffprüfung. Meß- und Prüftechnik. Standardisierung

Eigenschaften und Fehler der Textilmaterialien u. a.

Pance, M.: Einfluß der Entfernung von niedrigmolekularen Cellulosefraktionen aus verschiedenen Celluloseregeneratfasern auf die Veränderung einiger struktureller und kolloidchemischer Fasereigenschaften. Melliand Textilber. 49 (1968) 4, S. 441–446.
Knapton, J. J. F.: Geometrie und Formstabilität von Trikotkonstruktionen (Schluß). Tex, Doetinchem/Nd. 27 (1968) 2, S. 97–99.
Marvin, A. W., Jhangiani, S. B.: Die elastische Erholung von Rips-Geweben. Textile Inst. Ind. 6 (1968) 3, S. 74–75.
Liebscher, U., Biehler, H.-G.: Bekleidungsphysiologische Betrachtungen. Techn. Textilien 11 (1968) 1, S. 7–17.
Nikonovič, G. V., Leont'eva, S. A., Usmanov, Ch. U.: Zur Struktur von Regeneratcellulose-Cordseiden. Chim. Volokna (Chem. Fasern) (1968) 2, S. 32–36.
Nalivajko, E. I., Sirota, A. G.: Über die Beständigkeit von Polyäthylen gegen Rißbildung und die Möglichkeiten ihrer Erhöhung. Plast. Massy, Moskva (Plast. Massen) (1968) 2, S. 13–17.
Scardino, F. L., Lyons, W. J.: Oberflächeneigenschaften von Fasern in Beziehung zu linearen Fasergesamtheiten während der Verarbeitung. Teil III. Einfluß der Verarbeitung auf die Faseroberfläche und Geometrie. Textile Res. J. 37 (1968) 12, S. 1005–1008.
Norton, G. P., Nicholls, C. H.: Einige chemische Reaktionen bei der alkalischen Vergilbung von Wolle. Textile Res. J. 37 (1967) 12, S. 1031–1037.
Vollrath, L.: Zum Naß-Knittererholungsvermögen von textilen Flächengebilden. IV. Eigene Untersuchungen zum Naß-Knittererholungsvermögen – Fortsetzung der Versuche und Diskussion der Ergebnisse. Faserforsch. u. Textiltechnik 19 (1968) 5, S. 210–217.
Lyons, W. J., Ribnick, A. S.: Ermüdung von Textilfasern. Teil X. Ermüdung durch dynamische Zugbeanspruchung. Einfluß der Temperatur auf Lebensdauer und Längenzunahme. Textile Res. J. 37 (1967) 12, S. 1014–1019.

Meß- und Prüftechnik

Kämmerer, B.: Anwendung der Monte-Carlo-Methode zur Entscheidungsfindung. Fertigungstechnik u. Betrieb 18 (1968) 4, S. 196–199.
Cross, N. L.: Ein Feuchtigkeits-Regelsystem für einen kleinen Schrank. J. sci. Instruments (J. Physics/E) 1 (1968) 1, S. 65–68.
Vaeck, S. V., Maes, E.: Einige Untersuchungen zur Waschkraft in wäßrigen und nichtwäßrigen Medien. I. Die Dispergierung von groben Schmutzteilchen. Tenside, München (1968) 1, S. 4–10 (engl.).
Begriffserläuterungen und Formelzeichen im Bereich der Statistischen Qualitätskontrolle. ZwF. Z. wirtsch. Fertigung 13 (1968) 3, S. 145–153.
Martin, W. R.: Der Stand der Prüfmethoden für die Bewertung flecken- und schmutzbeständiger Textilien. Mod. Textiles Mag. 48 (1967) 12, S. 57–59.
Péter, F., Karlené-Keszthely, A.: Papierchromatographische Untersuchung von Farbstoffen. I. Kolor. Ertesitö, Budapest (Kolor. Rdsch.) 9 (1967) 11/12, S. 335–342.
Kröger, G.: Fadenlängenmeßeinrichtung für Spulmaschinen. ATM Arch. techn. Messen ind. Meßtechnik (1968) 385, S. 27–28.
Schmidt, F., Pietschmann, S., Winkler, F.: Natürliche und künstliche Belichtung von Chemieseiden. Dt. Textiltechnik 18 (1968) 4, S. 249–254.

Standardisierung. Terminologie

Wasser in rohem Tallöl. SCAN-T 7:67: Svensk Papperstidn. 70 (1967) 23, S. 822–823 (schwed.); S. 824–825 (engl.).

VII. Betriebstechnik. Ökonomie. Tagungsberichte u. dgl.. Sonderfragen

Betriebstechnik

Cape-O-Data als Beispiel der Computeranwendung in der Textilwirtschaft. Textilveredlung, Weinfelden/Schweiz 3 (1968) 2, S. 78–80.
Grafton, P. M.: Computer: Anwendungen und Möglichkeiten für die Leitung der Textilfabrik. Textile Manuf. 94 (1968) 1119, S. 94–99.
Knafla, W.: Erschließung von archiviertem Wissen durch Computer. Umschau Wiss. Technik 68 (1968) 7, S. 206–207.
Konopásek, M.: Die Anwendung der Kybernetik in der Trikotagenindustrie (II). Tex, Doetinchem/Nd. 27 (1968) 3, S. 146–148.
Aśćik, K., Fiksiński, R.: Verfahren für die Absorption und die Neutralisation von toxischen Gasen und Dämpfen in der Leichtindustrie. Przegl. włókienn. (Textil-Rdsch.) 22 (1968) 1, S. 35–42.
Henriksen, G.: Sind wir auf die weitere Automation im Bekleidungssektor vorbereitet. Norsk. Tekstiltid. (1968) 2, S. 26.
Portnov, F. H., Cymlov, D. M., Popov, V. V., Kašlinskij, E. M.: Verwenden von Radioisotopen zum Beseitigen der statischen Elektrizität in den Betrieben der Lettischen SSR. Tekstil. Prom., Moskva (Textil-Ind.) 28 (1968) 2, S. 62–64.
Wiesner, I.: Beleuchtung der Betriebe der Textilindustrie. Textil, Praha 23 (1968) 3, S. 115–119.
Hartig, H.: Lärm kostet Gesundheit und Geld. Techn. Gemeinsch. 16 (1968) 4, S. 22–25.
Todosič, D. S.: Unsere Erfahrungen mit der Anwendung des Jodazid-Tests bei den Arbeiten, die im „Viskoza"-Betrieb in Loznica der Einwirkung von CS_2 ausgesetzt sind. Hemijska Vlakna, Loznica/Jugoslaw. (Chem. Fasern) 7 (1967) 3, S. 18–22.

Ökonomie

Gröger, Cl.: Praktische Anwendung der Netzplantechnik. Fertigungstechnik u. Betrieb 18 (1968) 4, S. 206–209.
Faserproduzenten sehen eine „Erholung" im Kommen. Chem. engng. News 46 (1968) 4, S. 22–24.
McCurdy, R. C.: Anwendung der Operationsforschung in der chemischen Technologie. IEC. Ind. engng. Chem. 60 (1968) 2, S. 14–22.
Büttner, H.: Operationsforschung – Wissenschaftliche Entscheidungsvorbereitung. Techn. Gemeinsch. 16 (1968) 3, S. 29–39.
Kratzsch, G., Kuscher, R., Zimmerling, G.: Praktische Erfahrungen zur Netzwerkplanung znd -kontrolle für die Anlaufvorbereitung eines neuen Erzeugnisses. Fertigungstechnik u. Betrieb 18 (1968) 3, S. 130–134.
Weber, H.-J.: Vergesellschaftung der industriellen Forschungs- und Entwicklungsarbeit. Arbeitsökonomik 12 (1968) 2, S. 102–112.
Cemiefasern in den westlichen Ländern. Kunststoff-Berater 13 (1968) 4, S. 307–308, 310.
Seidel, D.: Rechtliche Fragen – riskantes Handeln. Über das Risiko in der Leitungstätigkeit, der Forschungs- und Entwicklungsarbeit sowie in der Produktion. Arbeit u. Arbeitsrecht 23 (1968) 7, S. 168–171.
Rauchfuß, A.: Afrikas Textilindustrie. Textil-Praxis 23 (1968) 3, S. 148 bis 150.

Sonderfragen

Grundsätze für die Weiterentwicklung der Berufsausbildung als Bestandteil des einheitlichen sozialistischen Bildungssystems. Wirtschaft, Ausg. A 23 (1968) 15, S. 3–5.
Baltensweiler, A.: Langfristige Heranbildung von Führungskräften und Planung der Unternehmungsstruktur. Ind. Organis., Zürich 37 (1968) 3, S. 171–177.
Bastius, B., Zwierlein, K. J.: Allgemeiner Grundlehrgang für die textile Betriebspraxis. Spinner, Weber, Textilveredlung 86 (1968) 4, S. 331–334.
Neues Du-Pont-Textillaboratorium in Genf. Norsk Tekstiltid. (1968) 2, S. 20–22.

DAS HERZ EINER SPANNTROCKEN-MASCHINE

ist ohne Zweifel die Spannkette. Eine Besonderheit unseres Modells 6592 sind die vertikal umlaufenden Spannketten

Hohe Verdampfungsleistungen, niedriger Energieverbrauch, verbunden mit einer schonenden Gewebetrocknung kennzeichnen die Spanntrockenmaschine Modell 6592

VEB GEWEBEAUSRÜSTUNGSMASCHINEN KARL-MARX-STADT

31 712